工程预算与成本控制

沈元轲 著

天津出版传媒集团

天津科学技术出版社

图书在版编目（CIP）数据

工程预算与成本控制 / 沈元轲著. -- 天津 : 天津科学技术出版社, 2024.2

ISBN 978-7-5742-1800-0

Ⅰ. ①工… Ⅱ. ①沈… Ⅲ. ①建筑预算定额－成本控制 Ⅳ. ①TU723.34

中国国家版本馆 CIP 数据核字（2024）第 044698 号

工程预算与成本控制

GONGCHENG YUSUAN YU CHENGBEN KONGZHI

责任编辑：王　彤

责任印制：兰　毅

出　　版：	天津出版传媒集团
	天津科学技术出版社
地　　址：	天津市西康路 35 号
邮　　编：	300051
电　　话：	（022）23332377
网　　址：	www.tjkjcbs.com.cn
发　　行：	新华书店经销
印　　刷：	济南新广达图文快印有限公司

开本 787×1092 1/16　印张 15.5　字数 240 000

2025 年 5 月第 1 版第 1 次印刷

定价：65.00 元

前 言

随着现代工程技术的不断发展，工程预算及成本控制已经成为工程建设过程中的重要环节。工程预算是对工程项目在未来一定时期内的收入和支出情况所做出的计划，是工程建设的重要依据；而工程成本控制则是确保工程实际成本不超过预算成本的关键手段，是实现工程项目经济效益最优化的重要保障。因此，对工程预算及成本控制进行全面、系统的研究和探讨，具有重要的理论和实践意义。

本书共分为十章，对工程预算及成本控制的基本概念、基本原理、基本方法及其在工程建设中的应用与实践进行了全面介绍。第一章工程预算概述，介绍了工程预算的定义、重要性和分类组成，为后续章节的展开提供了基础概念和理论知识。第二章工程预算编制的基础，介绍了工程量清单的编制原则和方法以及工程量清单的审查和管理，为工程预算的编制提供了重要的方法和工具。第三至第五章分别介绍了建筑工程、安装工程和市政工程的预算编制，详细阐述了各项预算的编制方法、注意事项和实践案例，为相关领域的工程技术人员和管理人员提供了实用的参考和指导。第六至第十章则分别介绍了工程成本控制概述、工程成本控制技术与方法、工程设计阶段的成本控制方案、招投标的成本控制以及施工过程中的成本控制等内容，对工程成本控制进行了全面深入的分析和研究，为工程项目实现经济效益最优化的目标提供了重要的理论支撑和实践指导。

在本书的编写过程中，我们参考了大量的相关文献和资料，结合实际工程案例，对工程预算及成本控制的各个方面进行了深入浅出的阐述。同时，本书注重理论与实践相结合，通过案例分析的方式，使读者更好地理解和掌握工程预算及成本控制的理论和方法。

本书适合从事工程建设、设计、施工、监理等领域的工程技术人员、管理人员以及高等院校相关专业的师生阅读参考。希望通过本书的介绍，能够帮助读者更好地理解工程预算及成本控制的基本原理和方法，提高工程建设项目的管理水平和工作效率。

最后，感谢参与本书编写的所有工作人员，以及给予我们支持和帮助的各位领导、专家和学者。由于编者的水平和经验有限，书中难免存在不足之处，敬请广大读者谅解。

目 录

第一章　工程预算概述 ………………………………………………1
　　第一节　工程预算的定义和重要性 …………………………1
　　第二节　工程预算的分类和组成 ……………………………4
　　第三节　工程预算编制的原则和方法 ………………………10
第二章　工程预算编制的基础 ……………………………………15
　　第一节　工程量清单概述 ……………………………………15
　　第二节　工程量清单的编制原则和方法 ……………………19
　　第三节　工程量清单的审查和管理 …………………………24
第三章　建筑工程预算编制 ………………………………………29
　　第一节　建筑工程预算编制的准备工作 ……………………29
　　第二节　建筑工程预算中的人工费用编制 …………………36
　　第三节　建筑工程预算中的材料费用编制 …………………41
　　第四节　建筑工程预算中的设备费用编制 …………………46
　　第五节　建筑工程预算中的其他费用编制 …………………51
第四章　安装工程预算编制 ………………………………………55
　　第一节　安装工程预算编制的准备工作 ……………………55
　　第二节　安装工程预算中的人工费用编制 …………………62
　　第三节　安装工程预算中的材料费用编制 …………………67
　　第四节　安装工程预算中的设备费用编制 …………………72
　　第五节　安装工程预算中的其他费用编制 …………………77
第五章　市政工程预算编制 ………………………………………81
　　第一节　市政工程预算编制的准备工作 ……………………81
　　第二节　市政工程预算中的人工费用编制 …………………87

第三节　市政工程预算中的材料费用编制 ·················· 93
　　第四节　市政工程预算中的设备费用编制 ·················· 98
　　第五节　市政工程预算中的其他费用编制 ················· 103
第六章　工程成本控制技术与方法 ··························· 107
　　第一节　工程成本估算方法 ······························ 107
　　第二节　工程成本预算方法 ······························ 113
　　第三节　工程成本核算方法 ······························ 122
第七章　工程设计阶段的成本控制方案 ······················· 148
　　第一节　限额设计方法及其成本控制方案 ················· 148
　　第二节　标准化设计方法及其成本控制方案 ··············· 155
　　第三节　价值工程分析及其成本控制方案 ················· 164
　　第四节　优化设计及其成本控制方案 ····················· 169
　　第五节　可行性研究及其成本控制方案 ··················· 178
第八章　招投标的成本控制 ································· 187
　　第一节　基于招投标阶段的成本控制概述 ················· 187
　　第二节　基于招投标阶段的成本控制实务 ················· 193
　　第三节　基于招投标阶段的成本控制案例分析 ············· 201
第九章　施工过程中的成本控制 ····························· 207
　　第一节　施工阶段成本控制概述 ························· 207
　　第二节　基于挣值管理的施工阶段成本控制实务 ··········· 211
　　第三节　基于质量成本管理的施工阶段成本控制实务 ······· 218
　　第四节　基于质量成本管理的施工阶段成本控制实务 ······· 224
第十章　工程成本控制的持续改进与创新发展 ················· 227
　　第一节　基于全生命周期成本管理的工程成本控制策略 ····· 227
　　第二节　基于价值工程的工程成本控制策略 ··············· 231
　　第三节　利用新技术的工程成本控制创新与发展 ··········· 235
参考文献 ··· 241

第一章 工程预算概述

第一节 工程预算的定义和重要性

一、工程预算的基本概念

工程预算是指在工程建设过程中,对所需各种材料、设备、人工等费用进行合理的估算,以便进行后续的工程计划、成本控制和资源分配等工作。工程预算是工程建设中至关重要的一环,它直接关系到工程的投资决策、建设周期和效益等。

(一)工程预算的概念

工程预算是根据工程设计图纸、材料设备清单、人工费用等信息,结合市场价格和相关政策法规,对工程建设所需费用的估算。工程预算主要包括以下几方面的内容。

材料设备预算:根据工程需要的材料和设备清单,结合市场价格和供应情况,对材料和设备的费用进行估算。

人工费用预算:根据工程设计和施工计划,对所需的人工数量和费用进行估算。

间接费用预算:包括工程管理费、设计费、监理费、保险费等,根据工程实际情况和相关政策法规进行估算。

风险控制预算:根据工程特点和实际情况,对可能出现的风险和不确定性进行预测和估算,制定相应的风险控制措施和预算。

其他费用预算:包括工程设计变更、工程延期等意外情况所产生的费用,根据实际情况进行估算。

（二）工程预算的特点

综合性：工程预算涉及多个方面，如材料、设备、人工、管理费等，需要进行综合分析和考虑。

复杂性：工程预算需要考虑的因素较多，如市场价格波动、政策法规变化等，需要进行细致的分析和计算。

敏感性：工程预算是对未来投资的预测，具有一定的不确定性，需要保持敏感性和谨慎性。

动态性：工程预算需要根据实际情况进行动态调整和优化，以适应工程建设过程中的变化。

（三）工程预算的作用

投资决策：工程预算可以为投资决策提供重要的参考依据，帮助决策者了解工程建设所需的总投资及分项投资的具体情况，从而做出更为科学合理的决策。

计划和控制：工程预算是制定工程建设进度计划和资金使用计划的依据，可以帮助施工单位合理安排施工进度和资源分配，同时对于控制成本也具有重要作用。

协调和管理：工程预算涉及多个方面和环节，需要进行协调和管理。通过制定合理的预算方案，可以促进各方的沟通和协作，确保工程建设顺利进行。

评估和监测：工程预算可以对工程建设过程中的各项活动进行评估和监测，帮助发现和解决问题，同时对于监测项目的进展情况也具有重要作用。

提高经济效益：通过精确的工程预算，可以避免资金浪费和不必要的支出，提高资金使用效率，从而实现经济效益的最大化。

（四）工程预算的编制方法

定额法：根据国家和地方颁布的定额标准，结合图纸和清单计算出各分部分项工程的直接费，并汇总得出项目总造价。这种方法适用于编制常规的招标控制价或投标报价等。

工程量清单法：根据招标文件中的工程量清单，按照一定的计算规则和方法，计算出各分部分项工程的直接费，并汇总得出项目总造价。这种方法适用于编制工程量清单及招标控制价等。

动态单价法：根据市场价格信息和企业内部定额资料，结合工程实际情况进行动态调整单价的方法。这种方法适用于编制具有较大市场风险的工程造价。

经验法：根据以往的经验和资料库中的类似项目数据，结合当前项目的实际情况进行估算的方法。这种方法适用于编制初步设计概算或估算等。

二、工程预算在项目管理中的地位和作用

工程预算在项目管理中具有重要的地位和作用。它是项目管理中不可或缺的一部分，通过对项目所需资源的合理规划和有效控制，帮助项目经理实现项目目标，提高项目效益。

（一）工程预算的地位

指导作用：工程预算是项目管理的重要指导文件，它为项目的实施提供了明确的方向和目标。通过工程预算，项目团队可以了解项目所需的各种资源、材料和设备的数量及价格，从而制定详细的施工计划和采购计划。

控制作用：工程预算对项目的成本和投资进行了严格的控制。在项目实施过程中，通过将实际支出与预算进行对比，及时发现和解决成本超支、浪费等问题，确保项目投资的有效利用。

评估作用：工程预算为项目绩效评估提供了重要的依据。通过对实际支出与预算进行比较，可以对项目的成本效益、投资回报等方面进行客观评估，为项目的总结和经验积累提供数据支持。

（二）工程预算的作用

成本控制：工程预算是成本控制的重要手段。通过制订合理的预算方案，可以有效地预测和控制项目成本，防止资源浪费和超出预算。同时，对于材料、设备和人工等具体费用的估算，有助于在施工过程中对实际支出进行监控和管理。

资源分配：工程预算通过对项目所需资源的精细规划，实现了资源的合理分配。根据工程预算，可以确定不同阶段所需的材料、设备和人员等资源，确保项目按计划顺利进行。

风险管理：工程预算通过对项目潜在风险的分析和预测，有助于采取相应的措施降低风险影响。例如，针对市场价格波动、政策法规变化等因素，制定

相应的应对策略，以减轻其对项目成本的影响。

沟通协调：工程预算涉及项目各方的利益和需求。在预算编制过程中，需要与相关部门、供应商和承包商等进行沟通和协调，确保各方意见得到充分表达和平衡。这有助于增进各方之间的合作与理解，促进项目的顺利进行。

决策支持：工程预算为项目决策提供了重要支持。在进行项目投资决策时，详细的工程预算可以帮助决策者了解项目的投资成本、回报周期以及预期收益等信息，为决策提供有力依据。

质量控制：通过工程预算的制定和执行，可以实现对原材料和设备的质量控制。根据预算中列明的材料和设备规格、质量要求等标准，对供应商进行筛选和评估，确保进场的材料和设备符合项目要求，从而保证项目的整体质量。

进度控制：工程预算与施工计划密切相关。通过将预算分解为不同阶段的任务和目标，可以制定合理的施工计划并监控进度。当实际进度滞后于计划时，及时调整资源和人力分配，确保项目按时完成。

合同管理：在项目管理中，合同管理是至关重要的一环。工程预算涉及合同中关于价格、付款方式、质量标准等重要条款的制定。通过对合同条款的严格把控，可以降低风险、避免纠纷，确保各方的权益得到保障。

第二节　工程预算的分类和组成

一、工程预算的分类方法

工程预算可以根据不同的分类方法进行划分。

（一）按工程项目进度

投资估算：在工程项目建议书和可行性研究阶段，对工程项目的投资进行估算。该阶段的估算较为粗略，主要用于项目决策和资金筹措的依据。

设计概算：在工程设计阶段，根据设计方案和相关指标，对工程项目所需的总投资进行估算。设计概算相对投资估算更为详细，是工程预算的重要组成部分。

施工图预算：在工程施工图设计完成后，根据施工图纸和定额标准，对工程项目的造价进行详细计算。施工图预算是工程招投标和施工过程中的重要依据。

施工预算：在工程施工阶段，根据实际施工情况和预算定额，对工程项目的成本进行详细计算。施工预算是控制施工成本和进行工程结算的重要依据。

（二）按工程承包范围

总包预算：总包预算是指由总承包单位对整个工程项目进行预算编制和成本控制。总包预算包括总承包单位的直接费用、分包单位的间接费用和其他费用。

分包预算：分包预算是指由专业分包单位根据自身专业范围和设计要求，对所承包的工程项目进行预算编制。分包预算由分包单位的直接费用和其他费用组成。

（三）按费用性质

直接费用：直接费用是指在施工过程中直接耗用的费用，包括人工费、材料费、机械使用费、其他直接费用等。直接费用是工程预算中最重要的组成部分之一。

间接费用：间接费用是指在施工过程中产生的其他费用，例如施工管理费、临时设施费、安全文明施工费等。间接费用需要根据实际情况和相关规定进行计算。

（四）按工程性质

新建项目预算：新建项目预算是指对新建的工程项目进行预算编制。新建项目预算需要考虑土地征用费、拆迁补偿费、工程勘察设计费等多个方面。

扩建项目预算：扩建项目预算是指对已有的建筑物或设施进行扩建所需的费用进行预算编制。扩建项目预算需要考虑原有建筑物或设施的拆除、土地征用、工程勘察设计等多个方面。

维修改造项目预算：维修改造项目预算是指对已有的建筑物或设施进行维修改造所需的费用进行预算编制。维修改造项目预算需要考虑原有建筑物或设施的拆除、维修改造方案等多个方面。

（五）按地区差别分类

当地材料：当地材料是指就地取材，不需要长途运输的材料，例如砖瓦、石灰等。当地材料的预算需要考虑当地的资源状况和价格水平。

外地材料：外地材料是指需要从外地运输到施工现场的材料，例如钢材、水泥等。外地材料的预算需要考虑运输费用和价格水平。

外地人工：外地人工是指来自外地施工队伍的人员，例如某些专业技术人员和管理人员等。外地人工的预算需要考虑工资水平、差旅费用等。

（六）按用途分类

估算：估算是指在编制项目建议书和可行性研究阶段对建设项目总投资的预测，是项目决策的重要依据之一。估算可分为单位生产能力估算法、生产能力指数法、系数估算法、比例估算法和指标估算法等。

概算：概算是指在初步设计阶段根据初步设计图纸和概算定额（或概算指标）计算的工程造价。概算是确定基本建设投资的重要依据之一，是编制固定资产投资计划的重要依据之一。概算可分为概算定额法、概算指标法、类似工程概算法等。

施工图预算：施工图预算是指在施工图设计阶段根据施工图纸和工程量计算规则计算的工程造价。施工图预算是确定建筑安装工程造价的重要依据之一，也是编制施工计划、控制施工成本的重要依据之一。

二、工程预算的基本组成

工程预算是确定工程造价的重要环节，是工程实施过程中的重要依据。以下是一般工程预算的基本组成。

（一）直接费用

直接费用是指在施工过程中直接耗用的费用，包括人工费、材料费、机械使用费等。这些费用是工程预算中最重要的组成部分之一。

人工费：指直接从事建筑安装工程施工的生产工人开支的各项费用，包括基本工资、工资性津贴、流动施工津贴、房租补贴、职工福利费等。

材料费：指施工过程中耗用的构成工程实体的原材料、辅助材料、构配件、零件、半成品的费用，包括材料原价、材料运杂费等。

机械使用费：指使用施工机械作业所发生的机械使用费以及机械安拆费和

场外运费。

（二）间接费用

间接费用是指在施工过程中产生的其他费用，例如施工管理费、临时设施费、安全文明施工费等。这些费用需要根据实际情况和相关规定进行计算。

施工管理费：包括管理人员工资、办公费、差旅交通费、固定资产使用费等。

临时设施费：指施工企业为进行建筑工程施工所必须搭设的生活和生产用的临时建筑物、构筑物和其他临时设施费用。

安全文明施工费：指施工现场安全施工和环境保护所需各种费用以及文明施工所需的各项费用。

（三）利润和税金

利润是指施工企业完成所承包工程获得的盈利，税金是指国家对施工企业应计入营业收入和利润总额的税金。利润和税金是工程预算中不可忽视的组成部分。

（四）其他费用

其他费用包括工程排污费、定额编制管理费等。这些费用需要根据相关规定进行计算。

（五）预备费

预备费是指在工程实施过程中可能发生但不一定发生的费用，包括基本预备费和价差预备费。基本预备费是指设计变更及施工过程中可能增加工程量的费用，价差预备费是指因人工、材料、设备等价格波动而增加的费用。

（六）固定资产投资方向调节税

固定资产投资方向调节税是指对在我国境内进行固定资产投资的单位和个人征收的一种税种，其计税依据为固定资产投资额。根据国家规定，固定资产投资方向调节税的计税依据为固定资产投资额，其中外商投资企业的固定资产投资额包括其投资总额和项目总投资额。

（七）建设期贷款利息

建设期贷款利息是指建设单位在建设期间因使用贷款而支付的利息。建设期贷款利息的计算方法根据贷款期限和利率而定，一般采用复利计算方式。建设期贷款利息在工程预算中也是一个重要的组成部分，需要考虑资金的时间价值和资金成本等因素。

（八）勘察设计费和工程监理费

勘察设计费是指对建设项目进行地质勘察、工程设计所需的费用，工程监理费是指对工程质量进行监督和管理所需的费用。勘察设计费和工程监理费的计算方法根据国家相关规定和合同约定而定。

（九）工程保险费和工程担保费

工程保险费是指为防范工程风险而缴纳的保险费用，工程担保费是指为保证工程建设顺利进行而缴纳的担保费用。工程保险费和工程担保费的计算方法根据保险公司或担保机构的规定而定。

三、各部分预算的具体内容

工程预算的具体内容可以分为多个部分，包括直接费用、间接费用、利润和税金以及其他费用等。

（一）直接费用

直接费用是指在施工过程中直接耗用的费用，包括人工费、材料费、机械使用费等。这些费用是工程预算中最重要的组成部分之一。

人工费预算：人工费是指直接从事建筑安装工程施工的生产工人开支的各项费用。包括基本工资、工资性津贴、流动施工津贴、房租补贴、职工福利费等。预算人员需要根据工程量和施工方案计算所需的人工数量和工资水平，并考虑生产效率等因素。

材料费预算：材料费是指施工过程中耗用的构成工程实体的原材料、辅助材料、构配件、零件、半成品的费用。包括材料原价、材料运杂费等。预算人员需要根据工程图纸和施工方案计算所需的材料种类和数量，并考虑材料的价格波动和市场供应情况等因素。

机械使用费预算：机械使用费是指使用施工机械作业所发生的机械使用费以及机械安拆费和场外运费。预算人员需要根据工程量和施工方案计算所需的机械种类和数量，并考虑机械的租赁费用和运行维护费用等因素。

（二）间接费用

间接费用是指在施工过程中产生的其他费用，例如施工管理费、临时设施费、安全文明施工费等。这些费用需要根据实际情况和相关规定进行计算。

施工管理费预算：施工管理费是指管理人员工资、办公费、差旅交通费、固定资产使用费等。预算人员需要根据工程量和施工方案计算所需的管理人员数量和工资水平，并考虑管理效率等因素。

临时设施费预算：临时设施费是指施工企业为进行建筑工程施工所必须搭设的生活和生产用的临时建筑物、构筑物和其他临时设施费用。预算人员需要根据施工方案和实际情况计算所需的临时设施种类和数量，并考虑设施的使用寿命和维修费用等因素。

安全文明施工费预算：安全文明施工费是指施工现场安全施工和环境保护所需各种费用以及文明施工所需的各项费用。预算人员需要根据施工方案和实际情况计算所需的安全文明施工措施费用，并考虑措施的效果和可持续性等因素。

（三）利润和税金

利润预算：利润预算是指施工企业根据自身情况和市场行情计算出的一定比例的利润。预算人员需要根据工程量和相关规定计算出合理的利润水平，以确保企业的盈利能力。

税金预算：税金预算是指国家对施工企业应计入营业收入和利润总额的税金。包括所得税、增值税等。预算人员需要根据相关规定计算出合理的税金水平，以确保企业的合法经营。

（四）其他费用

工程排污费预算：工程排污费是指因工程建设需要而发生的环保排污费用。预算人员需要根据工程量和相关规定计算出合理的排污费用，以确保工程的环保合规性。

定额编制管理费预算：定额编制管理费是指因进行定额编制和管理而发生的费用。预算人员需要根据相关规定计算出合理的定额编制管理费用，以确保工程的顺利进行。

（五）预备费

基本预备费预算：基本预备费是指设计变更及施工过程中可能增加工程量的费用。预算人员需要根据工程量和相关规定计算出合理的基本预备费用，以确保工程的顺利进行。

价差预备费预算：价差预备费是指因人工、材料、设备等价格波动而增加的费用。预算人员需要根据市场行情和相关规定计算出合理的价差预备费用，以确保工程的成本控制。

第三节 工程预算编制的原则和方法

一、工程预算编制的基本原则

工程预算编制的基本原则包括以下几点。

（一）严格执行国家的经济政策、法规和定额

工程预算编制是一项政策性较强的工作，必须遵循国家的有关方针、政策，严格执行国家或地方政府及行业主管部门颁发的工程预算定额及有关文件规定。在编制工程预算时，要充分考虑国家和地方对工程建设的相关规定和要求，以及各项经济政策、法规和定额，以确保预算的合理性和合规性。

（二）实事求是，一切从实际出发

工程预算的编制要紧密结合工程的实际情况，充分考虑施工条件、场地环境、施工工艺等因素，实事求是地进行编制。不得高估冒算或漏算，更不能故意压价或抬价。同时，要根据工程的具体情况和施工组织设计的要求，合理确定工程预算的费用构成和水平，真实反映工程的实际造价。

（三）坚持"质量第一"

在工程预算编制中，要始终坚持"质量第一"的原则。在保证工程质量的前提下，合理控制工程成本，提高工程的经济效益和社会效益。同时，要根据工程的具体情况和施工组织设计的要求，确定合理的质量标准和施工工艺，避免因质量问题而导致的返工和浪费。

（四）运用科学的方法进行编制

工程预算的编制要采用科学的方法进行。常用的方法有定额法、实物量法、清单计价法等。要根据工程的具体情况和施工组织设计的要求，选择合适的方法进行编制。同时，要注意运用现代化手段和计算机技术，提高编制的效率和准确性。

（五）做好调查研究，充分搜集有关资料

在编制工程预算前，要充分做好调查研究工作，了解工程所在地的市场情况、材料价格、人工费用等信息。同时，要搜集相关的工程资料，包括设计图纸、施工方案、合同条款等，以便更好地进行编制。此外，还要了解相关的政策和法规，以便更好地遵循和贯彻执行。

（六）合理确定各项费用

在编制工程预算时，要合理确定各项费用。对于直接费用，要根据设计图纸和施工方案计算工程量和材料用量，并按照相应的定额或市场价格进行计算。对于间接费用，要根据实际情况和相关规定进行计算。同时，要注意各项费用的合理性和合规性。

（七）做好审查和监督工作

工程预算的审查和监督是保证工程预算合理性和合规性的重要环节。审查工作包括对工程量的核查、定额套用的审查、材料价格的审核等。监督工作则包括对编制过程的监督、对执行过程的监督等。通过审查和监督，可以及时发现和纠正编制中存在的问题和不合理的因素。

（八）保持灵活性，适应市场需求

在编制工程预算时，要保持一定的灵活性，以便适应市场的需求变化。同时，要对市场行情进行密切关注和及时掌握相关信息；在一定的范围内可以对预算进行适当的调整以适应市场需求；最后要注重技术进步带来的效益并积极推广新的技术和工艺以降低成本提高效益。

（九）建立健全各项管理制度并严格执行

为了确保工程预算编制的准确性和合理性以及整个工程建设项目的顺利进行必须建立健全各项管理制度并严格执行；同时还要建立和完善相应的监督机制并对其进行考核以确保整个工程建设项目顺利实施并达到预期目标；最后还

应注重加强与相关部门之间的沟通协调与合作以便更好地完成各项任务并取得良好的效果。

二、工程预算编制的依据和基础

工程预算编制的依据和基础是保证工程预算合理性和准确性的重要前提。

（一）设计图纸和施工方案

设计图纸和施工方案是工程预算编制的主要依据之一。设计图纸提供了工程的详细构造、材料用量、施工工艺等信息，而施工方案则提供了工程的施工方法、进度安排、质量要求等方面的指导。工程预算编制人员需要根据设计图纸和施工方案，结合实际情况和市场价格信息，计算出工程的直接费用和间接费用，并最终形成工程预算。

（二）定额和费用标准

定额和费用标准是工程预算编制的基础之一。定额包括人工定额、材料消耗定额、机械台班定额等，是确定工程造价的重要依据。费用标准则包括管理费、利润、税金等费用标准，是确定工程间接费用的重要依据。在编制工程预算时，需要结合工程的实际情况和当地的市场价格信息，确定合适的定额和费用标准，以保证预算的合理性和准确性。

（三）市场价格信息

市场价格信息是工程预算编制的重要依据之一。在编制预算时，需要充分了解工程所需材料、设备、人工等市场价格信息，以便根据实际情况计算出合理的工程造价。同时，还需要关注市场价格的变化情况，及时调整预算，以适应市场需求的变化。

（四）相关政策和法规

相关政策和法规是工程预算编制的重要依据之一。在编制预算时，需要了解国家和地方对工程建设的政策和法规，包括税收、环保、质量等方面的规定和要求，以便在预算编制中贯彻执行这些政策和法规，保证预算的合法性和合规性。

（五）施工组织设计和现场情况

施工组织设计和现场情况是工程预算编制的重要依据之一。施工组织设计提供了工程的施工方法、进度安排、质量要求等方面的指导，而现场情况则包括地形、地貌、气候等因素，这些因素都会影响工程的造价。在编制预算时，需要结合施工组织设计和现场情况，合理确定各项费用，以保证预算的准确性和合理性。

（六）技术经济指标

技术经济指标是工程预算编制的重要依据之一。它是指经过分析比较各项技术方案的经济效果，综合分析其投资效益和经济效益的指标。在编制预算时，需要根据技术经济指标，对不同的设计方案进行比较和分析，以选择出最优的设计方案，并合理确定各项费用，以保证预算的准确性和合理性。

（七）其他相关资料

其他相关资料也是工程预算编制的重要依据之一。这些资料包括类似工程的造价资料、建筑材料手册、标准图集等。这些资料可以为编制工程预算提供参考和借鉴，帮助编制人员更好地了解工程实际情况和市场行情，提高预算的准确性和合理性。

三、工程预算编制的方法和步骤

工程预算编制的方法和步骤是保证工程预算质量和效率的关键。

（一）收集相关资料

在编制工程预算之前，需要收集相关的资料和信息，包括设计图纸、施工方案、定额和费用标准、市场价格信息、相关政策和法规等。这些资料和信息是编制工程预算的基础和依据，需要认真收集、整理和分析。

（二）熟悉设计图纸和施工方案

熟悉设计图纸和施工方案是编制工程预算的重要步骤之一。需要认真阅读设计图纸和施工方案，了解工程的构造、材料用量、施工工艺等信息，掌握工程的重点和难点，以便更好地进行预算编制。

（三）确定定额和费用标准

确定定额和费用标准是编制工程预算的基础之一。需要结合工程的实际情况和当地的市场价格信息，确定合适的定额和费用标准。在确定定额和费用标准时，需要注重参考类似工程的造价资料，以避免出现误差和不合理的情况。

（四）计算工程量

计算工程量是编制工程预算的重要步骤之一。需要根据设计图纸和施工方案，结合定额和费用标准，计算出工程的直接费用和间接费用。在计算工程量时，需要注重准确性，避免出现漏项和重复的情况。

（五）套用定额和费用标准

套用定额和费用标准是编制工程预算的关键步骤之一。需要根据确定的定额和费用标准，结合计算出的工程量，套用相应的定额和费用标准，计算出工程的总造价。在套用定额和费用标准时，需要注重合理性和准确性，避免出现误差和不合理的情况。

（六）调整价格因素

调整价格因素是编制工程预算的必要步骤之一。由于市场价格的变化，实际价格可能会与预算价格存在差异。因此，需要在预算中考虑到价格因素，并进行调整。在调整价格因素时，需要注重参考市场价格信息，以保持预算的合理性和准确性。

（七）审核和调整预算

审核和调整预算是保证工程预算质量和效率的重要步骤之一。需要对编制的预算进行审核，检查是否存在错误和不合理的现象，并进行调整。在审核和调整预算时，需要注重与相关部门之间的沟通和协调，以保证预算的合理性和可行性。同时，还需要对审核和调整结果进行记录和分析，以便更好地总结经验教训，提高预算编制的质量和效率。

（八）完成预算文件

完成预算文件是编制工程预算的最后步骤之一。需要根据审核和调整结果，完成预算文件，包括预算总表、分项工程预算表、材料设备表等。在完成预算文件时，需要注重格式和内容的规范性和准确性，以便更好地指导和控制工程的实施过程。

第二章 工程预算编制的基础

第一节 工程量清单概述

一、工程量清单的定义和作用

工程量清单是一份详细列出建筑工程所需的全部工程量、单价和相关费用的文件。它是由招标人或其委托的工程造价咨询机构编制的,是投标人进行投标和招标人选择中标人的重要依据。

（一）工程量清单的定义

工程量清单是建筑工程中重要的技术经济文件,它全面反映了建筑工程的工程量、费用及技术要求。具体来说,工程量清单是一份详细的表格,通常包括以下内容。

工程量的计算:根据施工图纸和相关规范,详细列出建筑工程所需的各个分部分项工程的工程量。

单价:每个分部分项工程的单价,通常包括人工费、材料费、机械使用费等。

相关费用:包括措施费、其他项目费、规费和税金等,这些费用与具体的分部分项工程相关。

（二）工程量清单的作用

工程量清单在建筑工程中具有重要的作用,具体表现在以下几个方面。

投标报价的依据:投标人根据工程量清单中的工程量和单价进行报价,它是投标报价的重要依据。

中标评比的依据:招标人根据工程量清单中的要求和标准,对投标人的报价进行评审和比较,选择中标人。

控制投资的依据：招标人和投标人可以根据工程量清单中的内容和要求，对建筑工程的投资进行控制和管理。

工程管理的依据：在施工过程中，根据工程量清单中的内容进行工程管理，确保施工符合设计要求和质量标准。

结算的依据：在工程结算时，根据工程量清单中的工程量和单价进行结算，确保结算的准确性和公正性。

二、工程量清单的内容和格式

工程量清单是一份详细列出建筑工程所需的全部工程量、单价和相关费用的文件，是招标人或其委托的工程造价咨询机构编制的，是投标人进行投标和招标人选择中标人的重要依据。下面详细阐述工程量清单的内容和格式。

（一）工程量清单的内容

工程量清单是一份详细的表格，通常包括以下内容。

分部分项工程量清单：根据施工图纸和相关规范，详细列出建筑工程所需的各个分部分项工程的工程量。这些分部分项工程是根据建筑工程的组成和特点进行划分的，每个分部分项工程都有独立的编码和名称。

措施项目清单：列出为完成分部分项工程所需的措施项目，如安全文明施工、临时设施、环境保护等。这些措施项目是为了保证建筑工程的顺利进行和安全完成所需要的辅助措施。

其他项目清单：列出建筑工程中需要的其他项目，如零星工作、材料设备等。这些项目通常不是由投标人提供，而是由招标人或其委托的工程造价咨询机构根据工程需要进行估算和列出。

相关费用清单：列出与建筑工程相关的各项费用，如规费、税金等。这些费用是根据国家和地方的相关规定和标准进行计算的。

（二）工程量清单的格式

工程量清单通常采用表格形式，其格式包括以下内容。

封面：包括工程名称、招标人名称、编制日期等基本信息。

目录：列出清单中的分部分项工程、措施项目、其他项目和相关费用的页码和序号。

分部分项工程量清单：包括分部分项工程的编码、名称、单位、工程量等信息。每个分部分项工程都应有独立的编码和名称，以便投标人识别和报价。

措施项目清单：列出为完成分部分项工程所需的措施项目，包括安全文明施工、临时设施、环境保护等。每个措施项目都应有独立的编码和名称，以便投标人识别和报价。

其他项目清单：列出建筑工程中需要的其他项目，如零星工作、材料设备等。每个其他项目都应有独立的编码和名称，以便投标人识别和报价。

相关费用清单：列出与建筑工程相关的各项费用，如规费、税金等。每个费用都应有独立的编码和名称，以便投标人识别和报价。

合计与总计：对清单中的所有分部分项工程、措施项目、其他项目和相关费用的合计与总计进行计算和汇总，以便招标人和投标人进行管理和结算。

（三）工程量清单的作用

工程量清单是建筑工程中重要的技术经济文件，它全面反映了建筑工程的工程量、费用及技术要求。其作用主要表现在以下几个方面。

投标报价的依据：投标人根据工程量清单中的工程量和单价进行报价，它是投标报价的重要依据。投标人必须对工程量清单中的每个分部分项工程进行报价，不能有遗漏或错误。

中标评比的依据：招标人根据工程量清单中的要求和标准，对投标人的报价进行评审和比较，选择中标人。工程量清单中的每个分部分项工程的工程量和单价都是中标评比的重要依据。

控制投资的依据：招标人和投标人可以根据工程量清单中的内容和要求，对建筑工程的投资进行控制和管理。通过对比实际施工过程中的工程量和单价与工程量清单中的相应内容，可以有效地控制投资规模和进度。

工程管理的依据：在施工过程中，根据工程量清单中的内容进行工程管理，确保施工符合设计要求和质量标准。

三、工程量清单与预算的关系

工程量清单与预算之间存在着密切的关系。工程量清单是预算的基础，预算是在工程量清单的基础上进行的。它们之间的联系主要表现在以下几个方面。

（一）工程量清单是预算的基础

工程量清单是招标人或其委托的工程造价咨询机构根据施工图纸和相关规范要求编制的，它详细列出了建筑工程所需的各个分部分项工程、措施项目、其他项目和相关费用的名称、编码、单位和工程量等信息。这些信息是进行预算的基础数据，没有工程量清单，预算工作就无法正常进行。

（二）预算是在工程量清单的基础上进行的

在进行预算时，预算人员需要详细了解工程量清单中的各个项目和工程量，根据清单中的信息进行预算编制。预算人员需要对每个分部分项工程的单价、措施项目和其他项目的费用进行估算，并将这些费用汇总到一起，得出建筑工程的总预算。因此，可以说预算是在工程量清单的基础上进行的。

（三）工程量清单和预算的编制依据相同

工程量清单和预算的编制依据都是施工图纸和相关规范要求。在编制工程量清单时，需要依据施工图纸和相关规范要求对建筑工程进行划分和计算，得出各个分部分项工程的工程量和单价。而在进行预算时，也需要依据施工图纸和相关规范要求对各个分部分项工程的单价、措施项目和其他项目的费用进行估算。因此，工程量清单和预算的编制依据是相同的。

（四）工程量清单和预算的结果需要一致

由于工程量清单和预算的编制依据相同，因此它们的结果应该是一致的。如果预算结果与工程量清单不一致，那么很可能是由于某些分部分项工程的工程量和单价计算错误或者漏算等问题导致的。在这种情况下，需要对工程量清单进行检查和修正，以确保其与预算结果一致。

（五）工程量清单和预算在实施过程中的相互作用

在建筑工程的实施过程中，工程量清单和预算的相互作用主要体现在以下几个方面。

指导施工：工程量清单和预算是指导施工的基础文件之一，它们列出了建筑工程所需的各个分部分项工程、措施项目、其他项目和相关费用的详细信息。这些信息对于施工方来说非常重要，它们需要根据这些信息进行施工计划的制定、材料的采购和人员的安排等。

控制投资：工程量清单和预算是控制投资的重要工具之一。通过对比实际施工过程中的工程量和单价与工程量清单中的相应内容，可以有效地控制投资规模和进度。如果实际施工中的工程量和单价与预算存在较大的差异，那么需要及时采取措施进行调整和控制，以避免超出预算或者延误工期。

结算依据：在建筑工程竣工后，需要进行工程的结算。工程量清单和预算是结算的重要依据之一。根据工程量清单中的各个分部分项工程的工程量和单价以及相关费用的计算方法，可以计算出建筑工程的总造价，并与预算进行比较和分析。如果有差异或者问题需要及时进行处理和解决。

监督作用：工程量清单和预算还具有一定的监督作用。它们可以监督建筑工程的实施是否符合设计要求和质量标准。如果实际施工与预算存在较大的差异或者问题，那么需要及时进行检查和处理，以避免出现质量和安全问题。

第二节　工程量清单的编制原则和方法

一、工程量清单编制的基本原则

工程量清单编制的基本原则是指在编制工程量清单时需要遵循的一系列基本准则和要求，以确保工程量清单的准确性和完整性。

（一）遵守相关法规和标准

在编制工程量清单时，必须遵守国家及地方颁布的相关法规和标准，如《建设工程工程量清单计价规范》等。这些法规和标准规定了工程量清单的编制方法、格式、内容等，以确保工程量清单的规范性和准确性。

（二）坚持实事求是的原则

工程量清单是投标和结算的重要依据，因此必须坚持实事求是的原则，如实反映建筑工程的情况和特点。在编制工程量清单时，应深入现场进行勘察和测量，对施工图纸进行仔细分析和理解，确保工程量清单中的项目和工程量真实、准确、完整。

（三）明确项目特征和内容

在编制工程量清单时，必须明确每个项目的特征和内容，包括项目的名称、规格、型号、单位、工程量等信息。这些信息的准确性和完整性直接影响到投标报价和工程结算的准确性。因此，在编制工程量清单时，需要对每个项目进行仔细的分析和理解，确保项目特征和内容的描述清晰、准确、完整。

（四）统一计量单位和方法

在编制工程量清单时，必须统一计量单位和方法，以确保工程量清单的规范性和可比性。根据相关法规和标准的规定，一般采用国家规定的法定计量单位作为计量单位，并采用统一的计算规则和方法进行计算。这样可以避免因计量单位和方法不同而导致投标报价和工程结算出现误差和争议。

（五）合理划分项目和分项工程

在编制工程量清单时，需要将建筑工程按照一定的原则和标准进行划分和归类，形成相应的项目和分项工程。项目的划分要合理、清晰、完整，每个项目应具有独立性和可识别性。同时，分项工程的划分也要合理、明确、细致，以便于投标报价和工程结算时进行准确的计算和分析。

（六）充分考虑风险因素

在编制工程量清单时，需要充分考虑风险因素对工程造价的影响。这些风险因素包括市场价格波动、施工条件变化、设计变更等。为了规避这些风险因素对工程造价的影响，需要在工程量清单中进行合理的风险预留和分担，以保障建设单位的利益和施工单位的合理利润。

（七）加强校核和审核力度

在编制工程量清单时，需要加强校核和审核力度，以确保工程量清单的准确性和完整性。校核主要包括对工程量清单中的各个项目和工程量的计算进行核对和验证，以确保其准确性和完整性；审核则主要包括对工程量清单的整体质量和合规性进行审查和评估，以确保其符合相关法规和标准的要求。

（八）保持与招标文件的一致性

工程量清单是招标文件的重要组成部分之一，必须保持与招标文件的一致性。在编制工程量清单时，应仔细阅读招标文件的相关要求和规定，了解招标范围、合同条款、技术要求等关键信息，以确保工程量清单中的项目和工程量与招标文件保持一致。

（九）适应市场需求和经济状况

在编制工程量清单时，需要适应市场需求和经济状况的变化。这包括对市场价格的调查和分析、对经济政策的了解和研究等。通过了解市场需求和经济状况的变化，可以合理确定工程造价水平，保障建设单位的投资效益和施工单位的盈利能力。

二、工程量清单编制的方法和步骤

工程量清单编制是建筑工程项目中的一项重要工作，其方法和步骤如下。

（一）收集资料和现场勘查

在编制工程量清单前，需要收集与项目相关的各种资料，包括工程勘察报告、施工图纸、相关规范和标准等。同时，还需要进行现场勘查，了解施工场地的实际情况，以便于编制准确的工程量清单。

（二）确定工程量清单的项目和内容

根据施工图纸和相关规范、标准等，确定工程量清单的项目和内容。在确定项目和内容时，需要注意以下几点。

项目的划分要合理、清晰、完整，每个项目应具有独立性和可识别性。

项目的特征和内容要描述清晰、准确、完整，以便于投标报价和工程结算时进行准确的计算和分析。

项目的计量单位和方法要统一，以便于比较和分析。

（三）计算工程量

根据确定的工程量清单项目和内容，按照相关规范和标准的规定，计算每个项目的工程量。在计算工程量时，需要注意以下几点。

采用合适的计算方法和规则，确保工程量的准确性和完整性。

对于一些复杂或特殊的项目，需要进行专门的计算和分析，以确保工程量的准确性。

在计算工程量时，还需要考虑一些风险因素对工程量的影响，如市场价格波动、施工条件变化等。

（四）校核和整理工程量清单

在计算完每个项目的工程量后，需要进行校核和整理，以确保工程量清单的准确性和完整性。在校核和整理时，需要注意以下几点。

对每个项目的工程量进行核对和验证，确保其准确性和完整性。

对整个工程量清单进行审查和评估，确保其符合相关法规和标准的要求。

对工程量清单进行整理和排版，使其清晰、美观、易于阅读和使用。

（五）发布和公开工程量清单

在完成工程量清单的编制后，需要发布和公开工程量清单，以便于投标报价和工程结算等工作的进行。发布和公开工程量清单需要注意以下几点。

选择合适的发布渠道和方式，如官方网站、招标网站等。

确保工程量清单的准确性和完整性，避免因错误或遗漏而导致投标报价和工程结算出现误差和争议。

对工程量清单进行及时的更新和维护，以适应市场需求和经济状况的变化。

（六）加强沟通和协调工作

在编制工程量清单的过程中，需要加强与各方的沟通和协调工作。这包括与业主、设计单位、施工单位等相关方的沟通和协调。通过加强沟通和协调工作，可以更好地了解项目实际情况和市场状况，更好地编制工程量清单。

（七）采用信息化技术手段

采用信息化技术手段可以大大提高工程量清单编制的效率和准确性。例如，可以利用计算机辅助设计软件进行绘图和计算，利用电子表格软件进行数据管理和分析等。这些信息化技术手段可以大大提高编制工程量清单的效率和准确性。

三、工程量清单编制的注意事项

工程量清单编制是建筑工程项目中的一项重要工作，其注意事项如下。

（一）充分了解项目情况和要求

在编制工程量清单前，需要充分了解项目的实际情况和要求。这包括对施工图纸、相关规范和标准的了解，以及对施工现场的实际情况的了解等。只有充分了解项目情况和要求，才能准确、完整地编制工程量清单，避免出现漏项、缺项等问题。

（二）确定合适的项目特征和内容

在编制工程量清单时，需要注意每个项目的特征和内容，并将其描述清晰、准确、完整。这可以帮助投标人更好地理解项目内容和要求，从而更好地进行投标报价和施工方案的制定。如果项目特征和内容描述不清或不够准确，可能会导致投标报价不准确或施工方案不合理等问题。

（三）采用合适的计算方法和规则

在计算工程量时，需要采用合适的计算方法和规则，以确保工程量的准确性和完整性。对于一些复杂的项目，需要进行专门的计算和分析，以确保工程量的准确性。此外，还需要注意一些特殊项目的计算方法和规则，如建筑垃圾外运、材料二次搬运等。

（四）注意风险因素的考虑

在编制工程量清单时，需要注意一些风险因素对工程量的影响。例如，市场价格波动、施工条件变化等都可能对工程量产生影响。因此，在编制工程量清单时，需要考虑这些风险因素，并对其进行合理的评估和分析，以避免因风险因素导致的问题。

（五）加强沟通和协调工作

在编制工程量清单的过程中，需要加强与各方的沟通和协调工作。这包括与业主、设计单位、施工单位等相关方的沟通和协调。通过加强沟通和协调工作，可以更好地了解项目实际情况和市场状况，更好地编制工程量清单。同时，也可以避免因沟通不畅导致的一些问题，如误解、纠纷等。

（六）遵循相关法规和标准的要求

在编制工程量清单时，需要遵循相关法规和标准的要求。这包括国家或地方政府的法规和标准，以及行业协会或企业内部的规范和标准等。只有遵循相关法规和标准的要求,才能确保编制的工程量清单合法、合规、合理,避免因违反法规和标准而导致的问题。

（七）注意工程量清单的完整性和准确性

在编制工程量清单时,需要注意其完整性和准确性。完整性是指工程量清单中不遗漏任何必要的项目和内容；准确性是指每个项目的工程量计算准确无误。为了确保工程量清单的完整性和准确性,需要进行仔细的校核和审查,并进行必要的调整和修改。此外,还需要注意工程量清单中的计量单位和方法是否统一、规范和准确。

（八）考虑项目实施过程中的变化因素

在编制工程量清单时,需要考虑项目实施过程中的变化因素。例如,设计变更、施工条件变化等都可能对工程量产生影响。因此,在编制工程量清单时,需要考虑这些变化因素,并对其进行合理的评估和分析,以避免因变化因素导致的问题。同时,也需要制定相应的应对措施,以应对可能出现的变更情况。

第三节 工程量清单的审查和管理

一、工程量清单审查的必要性

工程量清单审查是建筑工程项目中的一项重要工作,其必要性主要体现在以下几个方面。

（一）提高工程量清单的准确性

工程量清单是建筑工程项目中的基础性文件,其准确性直接影响到整个项目的投资、进度和质量。因此,通过审查工程量清单,可以发现其中的错误、遗漏和不准确之处,并及时进行修正和补充,从而确保工程量清单的准确性。这不仅可以避免因工程量清单不准确而导致的问题,还可以提高项目的投资效益和施工效率。

（二）确保招投标工作的公正性

在建筑工程项目的招投标阶段,工程量清单是投标人进行报价和编制施工方案的重要依据。如果工程量清单存在错误、遗漏和不准确之处，或者存在人为的故意抬高或压低工程量等问题，就会对投标人的报价和施工方案产生不利影响，甚至可能导致招投标工作的不公正。因此，通过审查工程量清单，可以确保其公正性和合理性，为招投标工作提供有力的保障。

（三）控制项目成本和投资

工程量清单审查也是控制项目成本和投资的重要手段。通过对工程量清单的审查，可以发现其中的问题和漏洞，及时采取措施加以修正和补充，从而控制项目的成本和投资。如果工程量清单存在较大的误差或漏洞，就会导致项目成本的增加和投资效益的降低。因此，通过审查工程量清单，可以有效地控制项目成本和投资。

（四）加强项目管理水平

工程量清单审查也是加强项目管理水平的重要途径。通过对工程量清单的审查，可以发现项目管理中存在的问题和不足之处，及时采取措施加以改进和完善，从而加强项目管理水平。同时，通过对工程量清单的审查，还可以提高项目管理人员的技术水平和专业能力，使其更好地应对项目管理中的各种挑战和问题。

（五）提高项目质量和安全性

工程量清单审查还可以提高项目质量和安全性。通过对工程量清单的审查，可以发现其中存在的不合理之处，及时采取措施加以修正和补充，从而确保项目的施工质量和安全性。如果工程量清单存在较大的误差或漏洞，就可能导致施工质量不合格、安全隐患等问题，对项目造成严重的影响。因此，通过审查工程量清单，可以有效地提高项目质量和安全性。

二、工程量清单审查的方法和步骤

工程量清单审查是建筑工程项目中的一项重要工作，其方法和步骤如下。

（一）全面理解招标文件和合同条款

在审查工程量清单之前，必须全面理解招标文件和合同条款，了解项目的背景、技术要求、质量标准、验收规范等相关信息。同时，还需要熟悉图纸和相关技术标准，以便更好地理解工程量清单中的各个项目。

（二）对比工程量清单与招标文件

将工程量清单与招标文件进行对比，检查是否遵循了招标文件的规定和要求。特别是对于工程量的计算和计价方式，需要核对是否符合招标文件的要求。如果存在差异，需要及时与招标方进行沟通和修正。

（三）检查工程量清单的完整性

检查工程量清单的完整性，包括项目名称、项目特征、计量单位、工程量等是否完整、准确。同时，还需要检查是否存在遗漏或冗余的项目，确保工程量清单的准确性和完整性。

（四）分析工程量清单的合理性

分析工程量清单的合理性，包括各个项目的价格、工程量的分布、技术方案的可行性等是否合理。同时，还需要考虑是否存在重复计算或漏算的情况，确保工程量清单的合理性和科学性。

（五）审查工程量清单中的细节问题

审查工程量清单中的细节问题，包括材料设备、技术标准、施工工艺等方面的细节问题。对于一些特殊项目或复杂项目，需要进行深入的审查和分析，确保其符合相关规定和标准。

（六）沟通协调解决问题

在审查过程中如果发现工程量清单中存在问题或争议，需要及时与招标方、投标方等相关方进行沟通和协调。通过沟通和协调，达成一致意见并解决问题，确保工程量清单的准确性和公正性。

（七）整理汇总审查意见

整理汇总审查意见，将审查中发现的问题和争议进行汇总和分析，并提出相应的建议和解决方案。同时，还需要将审查意见及时反馈给招标方和投标方等相关方，以便及时解决问题和调整方案。

（八）跟踪监督执行情况

跟踪监督执行情况，确保审查意见得到有效执行和落实。对于一些重大问题和争议，需要进行跟踪监督和协调解决，确保项目的顺利实施和完成。

三、工程量清单的管理和维护

工程量清单的管理和维护是建筑工程项目中的重要环节，其对于项目的顺利实施和成本控制具有至关重要的作用。以下是对工程量清单的管理和维护的探讨和分析。

（一）建立工程量清单管理制度

建立完善的工程量清单管理制度是管理工程量清单的基础。首先，需要明确工程量清单的编制、审核、发布等流程和责任人，确保每个环节都有明确的职责和权限。其次，需要建立工程量清单的维护和更新机制，及时调整和修正工程量清单中的问题和误差。同时，还需要建立工程量清单的档案管理机制，确保工程量清单的完整性和可追溯性。

（二）加强工程量清单的编制管理

工程量清单的编制是工程量清单管理的关键环节。在编制工程量清单时，需要充分了解项目的特点和要求，熟悉图纸和技术标准，确保工程量清单的完整性和准确性。同时，还需要根据项目的实际情况和合同要求，对工程量清单进行合理的调整和修正，确保其符合项目的要求和合同的规定。

（三）注重工程量清单的审核管理

工程量清单的审核是保证其准确性和公正性的关键环节。在审核工程量清单时，需要充分了解项目的实际情况和合同要求，对工程量清单进行全面的审查和核对。同时，还需要注重与招标方、投标方等相关方的沟通和协调，确保审核结果的准确性和公正性。

（四）加强工程量清单的执行管理

工程量清单的执行是保证其有效性的关键环节。在项目实施过程中，需要严格按照工程量清单的规定和要求进行施工和管理，确保其准确性和完整性。同时，还需要及时解决实施过程中出现的问题和争议，及时调整和修正工程量清单中的问题和误差。

（五）加强工程量清单的维护管理

工程量清单的维护是保证其准确性和完整性的关键环节。在项目实施过程中，需要对工程量清单进行及时的更新和修正，确保其与项目的实际情况和合同要求保持一致。同时，还需要加强对工程量清单档案的管理和维护，确保其完整性和可追溯性。

（六）加强人员培训和管理

人员是工程量清单管理和维护的关键因素。因此，需要加强对相关人员的培训和管理，提高其专业素质和管理能力。首先，需要对相关人员进行专业知识和技能的培训，提高其对工程量清单的理解和管理能力。其次，需要加强对相关人员的管理和监督，确保其工作质量和效率符合要求。

（七）建立信息化管理系统

建立信息化管理系统是提高工程量清单管理和维护效率的重要手段。通过建立信息化管理系统，可以将工程量清单的编制、审核、执行和维护等环节进行有效的整合和管理，实现数据的共享和信息的互通。同时，还可以提高数据处理的准确性和效率，减少人为错误和疏漏。

第三章 建筑工程预算编制

第一节 建筑工程预算编制的准备工作

一、了解建筑工程的基本情况

建筑工程预算编制是建筑工程中非常重要的一环,它涉及整个项目的成本、利润和可行性等方面。

（一）了解建筑工程的基本情况

在编制建筑工程预算之前,我们需要先了解建筑工程的基本情况,包括以下几个方面。

工程规模和复杂程度：了解建筑工程的规模和复杂程度,包括建筑物的层数、高度、面积和结构类型等,这些因素将直接影响到工程的施工周期、施工难度和工程造价。

工程设计和要求：了解建筑工程的设计要求和标准,包括建筑物的用途、功能和美观程度等,这些因素将直接影响到工程的材料用量、人工用量和施工工艺。

施工环境和条件：了解建筑工程的施工环境和条件,包括地质条件、气候条件、交通条件和施工场地条件等,这些因素将直接影响到工程的施工难度和工程造价。

工程材料和设备：了解建筑工程所需的材料和设备种类、规格、数量和质量要求等,这些因素将直接影响到工程的造价和施工质量。

施工方法和工艺：了解建筑工程的施工方法和工艺要求,包括土方工程、基础工程、主体结构工程、装饰装修工程和机电设备安装工程等,这些因素将直接影响工程的施工周期和工程造价。

（二）编制建筑工程预算的步骤

了解了建筑工程的基本情况之后，我们就可以开始编制建筑工程预算了。以下是编制建筑工程预算的一般步骤。

收集资料：收集与工程相关的资料，包括工程设计图纸、施工合同、招投标文件、建筑材料和设备价格信息等。

确定人工用量：根据工程设计和要求，确定所需的人工用量，包括各工种的人工用量和人工单价。

确定材料用量：根据工程设计和要求，确定所需的材料用量，包括各种材料的规格、数量和质量要求等。同时，需要了解各种材料的市场价格和供应商信息。

确定设备用量：根据工程设计和要求，确定所需的设备种类和数量，同时需要了解各种设备的价格信息和供应商信息。

计算工程量：根据工程设计和要求，计算出各分项工程的工程量，包括土方工程、基础工程、主体结构工程、装饰装修工程和机电设备安装工程等。

套用定额：根据计算出的工程量和人工、材料、设备的用量，套用相应的定额，计算出各分项工程的直接费用。

汇总成本：将各分项工程的直接费用汇总成整个工程的成本，包括人工费、材料费、设备费和其他间接费用等。

分析利润：根据工程的成本和预期利润水平，分析工程的利润情况。

调整预算：根据实际情况和预期变化，对预算进行调整和完善。

（三）编制建筑工程预算的注意事项

在编制建筑工程预算的过程中，需要注意以下几点。

熟悉工程设计图纸和要求：熟悉工程设计图纸和要求是编制建筑工程预算的基础，只有充分理解了设计意图和要求，才能准确地计算出工程量和套用相应的定额。

了解市场价格信息：了解市场价格信息是编制建筑工程预算的关键，只有及时掌握各种材料、设备和人工的市场价格信息，才能准确地估算出工程的成本和利润。

注意细节问题：编制建筑工程预算时需要注意细节问题，如计算工程量时要注意单位换算、套用定额时要注意定额的适用范围和调整规则等。

及时调整预算：由于建筑工程的复杂性和不确定性，预算编制完成后还需要根据实际情况和预期变化及时进行调整和完善。

二、收集相关资料和信息

建筑工程预算编制是建筑工程中非常重要的一环，它涉及整个项目的成本、利润和可行性等方面。

（一）收集相关资料和信息的重要性

在编制建筑工程预算之前，收集相关资料和信息是非常重要的。这些资料和信息包括工程设计图纸、施工合同、招投标文件、建筑材料和设备价格信息等。只有充分了解这些资料和信息，才能准确地计算出工程量和套用相应的定额，从而编制出合理、准确的建筑工程预算。

（二）收集相关资料和信息的步骤

收集相关资料和信息的步骤如下。

确定收集目标：在收集资料和信息之前，需要明确收集的目标和需求，如需要收集哪些方面的资料和信息，以及收集的深度和广度等。

制定收集计划：根据收集的目标和需求，制定收集计划，包括收集的时间、地点、方式和方法等。

确定信息来源：根据收集计划，确定所需资料和信息的来源，如建筑设计院、施工单位、材料供应商等。

收集资料和信息：根据确定的信息来源，通过各种方式和方法收集相关资料和信息，如通过邮件、电话、现场调查等方式获取资料和信息。

整理和分析资料：收集到的资料和信息需要进行整理和分析，如对资料进行分类、整理和归纳等，以便后续使用。

（三）收集相关资料和信息的注意事项

在收集相关资料和信息的过程中，需要注意以下几点。

保证资料和信息的真实性：收集到的资料和信息必须真实可靠，不能有任何虚假成分。如果发现资料和信息存在不真实的情况，需要及时进行调整和修正。

注意资料的完整性和系统性：收集到的资料和信息需要保持完整性和系统性，不能出现缺漏或重复的情况。同时需要注意各部分之间的联系和衔接。

重视现场调查的重要性：现场调查是收集资料和信息的重要途径之一。通过现场调查可以了解工程的实际情况，如地质条件、气候条件、施工环境等，从而为预算编制提供更加准确的依据。因此需要注意现场调查的质量和效果。

注意资料和信息的时效性：建筑材料、设备和人工的价格会随着市场变化而发生变化，因此需要注意资料和信息的时效性。需要定期收集市场价格信息，并及时更新预算编制的依据。

建立资料库和信息管理系统：为了方便后续使用和管理，可以建立资料库和信息管理系统，将收集到的资料和信息进行分类、整理和归纳，以便随时查询和使用。

（四）总结

收集相关资料和信息是编制建筑工程预算的重要准备工作之一。只有充分了解相关资料和信息，才能准确地计算出工程量和套用相应的定额，从而编制出合理、准确的建筑工程预算。因此需要注意保证资料和信息的真实性、完整性和系统性；重视现场调查的重要性；注意资料和信息的时效性；建立资料库和信息管理系统等方面的工作。

三、确定编制方法和依据

建筑工程预算编制是建筑工程中不可或缺的一环，它直接关系到整个项目的成本、利润和可行性等方面。在编制建筑工程预算时，需要确定编制方法和依据，以确保预算的准确性和合理性。

（一）确定编制方法

编制建筑工程预算需要采用合适的方法，常用的方法有定额法、清单法和实物法等。其中，定额法是根据国家或地方颁布的定额和相关规定，计算工程量和套用定额，从而编制出预算造价的一种方法。清单法是根据工程量清单和相关规定，计算工程量和套用定额，从而编制出预算造价的一种方法。实物法是根据施工图纸和相关规定，计算工程量和材料用量，然后根据市场价格计算出直接费用和间接费用等，从而编制出预算造价的一种方法。

在确定编制方法时，需要考虑以下因素。

工程类型和规模：不同的工程类型和规模需要采用不同的编制方法。例如，大型公共建筑和住宅小区需要采用清单法，而小型建筑和维修工程可以采用定额法或实物法。

施工图纸和设计要求：施工图纸和设计要求是编制建筑工程预算的重要依据之一。在确定编制方法时，需要考虑施工图纸和设计要求的特点，如建筑结构、材料选用等，从而选择合适的编制方法。

市场价格和变化趋势：建筑材料、设备和人工的价格会随着市场变化而发生变化。在确定编制方法时，需要考虑市场价格和变化趋势等因素，以便准确地计算出直接费用和间接费用等。

相关规定和政策：不同地区和不同行业有不同的规定和政策，这些规定和政策会对编制建筑工程预算产生影响。在确定编制方法时，需要考虑相关规定和政策的要求，以确保预算的合规性和合理性。

（二）确定编制依据

编制建筑工程预算需要依据相关资料和信息，常用的编制依据有施工图纸、定额、清单规范、标准图集、市场价格信息等。在确定编制依据时，需要考虑以下因素。

施工图纸和设计要求：施工图纸和设计要求是编制建筑工程预算的重要依据之一。在确定编制依据时，需要仔细阅读施工图纸和技术要求，了解工程的特点和难点，以便选择合适的定额、清单规范等编制依据。

定额和清单规范：定额和清单规范是编制建筑工程预算的基本依据之一。在确定编制依据时，需要根据工程类型和规模等因素，选择合适的定额和清单规范，以便计算出准确的工程量和套用相应的定额。

标准图集和相关规范：标准图集和相关规范是编制建筑工程预算的重要参考之一。在确定编制依据时，需要选择相关的标准图集和规范，以便了解施工工艺、材料选用等方面的要求，从而为预算编制提供参考。

市场价格信息：建筑材料、设备和人工的价格是编制建筑工程预算的重要依据之一。在确定编制依据时，需要收集市场价格信息，了解材料、设备的价格变化趋势和市场行情等，以便为预算编制提供准确的参考。

　　相关规定和政策：不同地区和不同行业有不同的规定和政策，这些规定和政策会对编制建筑工程预算产生影响。在确定编制依据时，需要考虑相关规定和政策的要求，如税收政策、环保政策等，以便为预算编制提供准确的参考。

四、建立预算定额和取费标准

　　建筑工程预算编制是建筑工程中不可或缺的一环，它直接关系到整个项目的成本、利润和可行性等方面。在编制建筑工程预算时，需要建立预算定额和取费标准，以确保预算的准确性和合理性。

　　（一）建立预算定额

　　预算定额是编制建筑工程预算的基础之一，它规定了建筑工程中各种材料、设备、人工等消耗的标准，以及相应的数量和价格。建立预算定额需要考虑以下因素。

　　工程类型和规模：不同的工程类型和规模需要建立不同的预算定额。例如，大型公共建筑和住宅小区需要建立较为详细的预算定额，而小型建筑和维修工程可以建立较为简单的预算定额。

　　材料种类和规格：建筑工程中使用的材料种类和规格繁多，不同材料的价格和质量也各不相同。因此，在建立预算定额时，需要根据工程所需材料的具体情况，选择相应的材料种类和规格，并确定其消耗量和价格。

　　设备型号和使用要求：建筑工程中使用的设备型号和使用要求也各不相同。在建立预算定额时，需要根据工程所需设备的具体情况，选择相应的设备型号和使用要求，并确定其消耗量和价格。

　　人工工种和技能等级：建筑工程中的人工工种和技能等级也各不相同，不同工种和技能等级的人工工资也不同。在建立预算定额时，需要根据工程所需人工的具体情况，选择相应的人工工种和技能等级，并确定其消耗量和工资。

　　施工工艺和方法：建筑工程中的施工工艺和方法也会影响预算定额的制定。

在建立预算定额时，需要考虑施工图纸和技术要求中的施工工艺和方法，以便合理确定材料的消耗量和人工的消耗量等。

（二）建立取费标准

取费标准是编制建筑工程预算的另一个重要因素，它规定了建筑工程中各项费用的收取比例和计算方法。建立取费标准需要考虑以下因素。

建筑工程类型和规模：不同的建筑工程类型和规模需要建立不同的取费标准。例如，大型公共建筑和住宅小区需要建立较为详细的取费标准，而小型建筑和维修工程可以建立较为简单的取费标准。

地区差异和市场行情：不同地区和市场行情会对取费标准产生影响。在制定取费标准时，需要考虑当地的地区差异和市场行情等因素，以便制定出符合当地情况的合理取费标准。

企业管理和成本控制要求：企业的管理和成本控制要求也会对取费标准产生影响。在制定取费标准时，需要考虑企业的管理和成本控制要求等因素，以便制定出符合企业实际情况的合理取费标准。

相关规定和政策：不同地区和不同行业有不同的规定和政策，这些规定和政策会对取费标准的制定产生影响。在制定取费标准时，需要考虑相关规定和政策的要求，以便制定出符合当地情况的合理取费标准。

（三）确定预算定额和取费标准的注意事项

及时更新：建筑工程预算定额和取费标准需要及时更新，以适应市场变化和政策变化等因素的影响。因此，在制定预算定额和取费标准时，需要考虑到这些因素，及时进行调整和更新。

结合实际情况：建筑工程预算定额和取费标准的制定需要结合实际情况，不能脱离实际。因此，在制定预算定额和取费标准时，需要考虑到当地的实际情况和市场行情等因素，以便制定出符合当地情况的合理预算定额和取费标准。

考虑可持续性：建筑工程预算定额和取费标准的制定需要考虑可持续性，不能只看眼前的利益而忽略了长远的发展。因此，在制定预算定额和取费标准时，需要考虑到可持续性发展等因素，以便制定出符合长远发展要求的合理预算定额和取费标准。

遵守相关规定：建筑工程预算定额和取费标准的制定需要遵守相关规定和政策的要求。在制定预算定额和取费标准时，需要了解相关规定和政策的要求，并遵守这些规定和政策的要求，以便制定出符合当地情况的合理预算定额和取费标准。

第二节　建筑工程预算中的人工费用编制

一、人工费用的组成和计算方法

建筑工程预算中的人工费用是整个预算的重要组成部分，它直接关系到整个项目的成本、利润和可行性等方面。

（一）人工费用的组成

建筑工程预算中的人工费用主要由以下几部分组成。

基础工资：是指支付给建筑工人的基本工资，根据工人的技能水平、工作经验等因素确定。基础工资是人工费用的主要组成部分，一般占整个人工费用的50%以上。

津贴补贴：是指支付给建筑工人的各项津贴和补贴，包括高温津贴、高空作业补贴、加班补贴等。津贴补贴的种类和标准根据不同的施工环境和施工要求而有所不同。

福利费用：是指支付给建筑工人的各项福利费用，包括社会保险费、医疗保险费、住房公积金等。福利费用是人工费用的重要组成部分，一般占整个人工费用的10%左右。

培训教育费用：是指支付给建筑工人的培训和教育费用，包括技能培训费、安全培训费等。培训教育费用是提高工人技能水平和安全意识的重要手段，一般占整个人工费用的5%左右。

（二）人工费用的计算方法

建筑工程预算中的人工费用的计算方法一般有以下几种。

经验估算法：经验估算法是一种基于经验的估算方法，主要是根据以往类似工程的经验和数据,结合当前工程的实际情况进行估算。这种方法简单易行,但准确度相对较低。

概率论统计法:概率论统计法是一种基于概率论和统计学的计算方法,主要是通过对大量历史数据的分析,得出各种影响因子的权重和均值,从而计算出当前工程的预算人工费用。这种方法准确度相对较高,但需要大量的历史数据支持。

工程量清单法:工程量清单法是一种基于工程量清单的计算方法,主要是根据工程量清单中的各项工作内容和工作量,结合相应的定额和取费标准进行计算。这种方法准确度较高,但需要详细的工程量清单和相应的定额支持。

在具体的建筑工程预算编制过程中,可以根据实际情况选择合适的计算方法。一般而言,经验估算法适用于工程规模较小、施工工艺简单的项目;概率论统计法适用于有大量历史数据支持的项目;工程量清单法适用于工程量清单较为详细、定额和取费标准较为完备的项目。

(三)影响人工费用的因素

影响建筑工程预算中人工费用的因素有很多,主要包括以下几点。

地区差异:不同地区的经济发展水平和生活成本不同,导致不同地区的人工费用也存在差异。一般来说,经济发达地区的工人工资水平较高,而经济欠发达地区的工人工资水平较低。

行业差异:不同行业的工程施工特点和工艺要求不同,导致不同行业的工人工资水平也存在差异。例如,建筑安装工程和市政工程等领域的工人工资水平相对较高,而农业工程和水利工程等领域的工人工资水平相对较低。

技能等级:不同技能等级的建筑工人的工资水平也存在差异。一般来说,技能等级越高,相应的工资水平也越高。

施工环境:不同的施工环境和施工要求对工人工资水平也会产生影响。例如,高空作业、高温作业等危险程度较高的工作环境下的工人工资水平相对较高。

年份和时间:不同年份和时间段的建筑工程预算中的人工费用也存在差异。一般来说,市场需求和供应关系的变化会导致工人工资水平的波动。

建筑工程预算中的人工费用是整个预算的重要组成部分,它直接关系到整个项目的成本、利润和可行性等方面。在计算人工费用时，需要结合实际情况选择合适的计算方法，并考虑到各种影响因素的作用。同时，还需要及时更新和调整预算定额和取费标准，以适应市场变化和政策变化等因素的影响。

二、确定人工消耗量

确定人工消耗量是建筑工程预算中的重要环节。人工消耗量的计算需要考虑多个因素，包括工程量、施工工艺、工人的技能水平和工作效率等。下面介绍几种常用的计算方法。

1.经验估算法

经验估算法是一种基于经验的估算方法，主要是根据以往类似工程的经验和数据，结合当前工程的实际情况进行估算。这种方法简单易行，但准确度相对较低。在采用经验估算法时，需要考虑以下几个因素。

（1）工程类型和规模：不同类型的工程和不同的规模会对人工消耗量产生影响。例如，大型建筑工程需要更多的工人来完成。

（2）施工环境和条件：不同的施工环境和条件需要不同的工人数量和技能水平。例如，恶劣的施工环境需要更多的工人来应对。

（3）工人技能水平：不同技能水平的工人完成同一项工程所需的时间和精力不同，因此需要不同的工人数量。

2.概率论统计法

概率论统计法是一种基于概率论和统计学的计算方法，主要是通过对大量历史数据的分析，得出各种影响因子的权重和均值，从而计算出当前工程的预算人工消耗量。这种方法准确度相对较高，但需要大量的历史数据支持。在采用概率论统计法时，需要考虑以下几个因素。

（1）工程类型和规模：不同类型的工程和不同的规模会对人工消耗量产生影响。例如，大型建筑工程需要更多的工人来完成。

（2）地区差异：不同地区的经济发展水平和生活成本不同，导致不同地区的人工消耗量也存在差异。

（3）行业差异：不同行业的工程施工特点和工艺要求不同，导致不同行业的工人数量也存在差异。

3.工程量清单法

工程量清单法是一种基于工程量清单的计算方法，主要是根据工程量清单中的各项工作内容和工作量，结合相应的定额和取费标准进行计算。这种方法准确度较高，但需要详细的工程量清单和相应的定额支持。在采用工程量清单法时，需要考虑以下几个因素。

（1）工程量清单的详细程度和准确性：工程量清单越详细、越准确，计算出来的人工消耗量就越准确。

（2）施工工艺和流程：不同的施工工艺和流程需要不同的工人数量和技能水平。例如，采用预制构件安装工艺比现场浇筑混凝土需要更少的工人。

三、编制人工费用预算

建筑工程预算中的编制人工费用预算是整个预算过程中不可或缺的一环。人工费用是指直接从事建筑安装工程施工的工人和现场从事技术管理和操作辅助工作的工人所取得的总工资。在编制人工费用预算时，需要考虑多个因素，包括工程量、施工工艺、工人的技能等级和工资水平等。

（一）确定人工工日和人工费

在编制人工费用预算时，首先需要确定每个工人每天的工资单价，即人工工日。人工工日可以根据当地的工资标准和工人的技能等级进行确定。同时，还需要考虑工人的现场工作天数和总工资。

在确定人工费时，需要考虑以下几个方面。

工人工资标准：不同地区、不同行业的工人工资标准存在差异。因此，需要根据当地的工资标准和工人的技能等级来确定每个工人每天的工资单价。

工人工作天数：工人每天的工资单价乘以工作天数即可得到工人的总工资。在确定工作天数时，需要考虑工程的施工周期、施工进度计划和工人的工作时间等因素。

工人数量：不同类型和规模的工程需要不同数量的工人。因此，需要根据工程的实际情况来确定所需的工人数量。

人工费取费标准：在计算人工费时，需要考虑一定的取费标准，如管理费、利润等。这些取费标准可以根据当地的政策和相关规定来确定。

（二）编制人工费用预算的步骤

编制人工费用预算需要遵循一定的步骤，下面将详细介绍这些步骤。

收集资料：在编制人工费用预算前，需要收集相关的资料和数据，包括工程量、施工图纸、施工工艺、工人的技能等级和工资标准等。

计算人工工日：根据当地的工资标准和工人的技能等级来确定每个工人每天的工资单价。同时，还需要确定工人的工作天数和总工资。

确定工人数量：根据工程的实际情况来确定所需的工人数量。不同类型和规模的工程需要不同数量的工人。

计算人工费：将每个工人每天的工资单价乘以工作天数，再乘以工人数量即可得到人工费总额。同时，还需要考虑一定的取费标准，如管理费、利润等。

分析人工费用预算：通过对人工费用预算的分析，可以了解人工费用的组成、比例和变化趋势等。这有助于合理安排施工计划和控制工程成本。

调整人工费用预算：在分析人工费用预算后，如果发现存在不合理或者不符合实际情况的地方，可以及时进行调整和修正。例如，如果发现工人数量过多或者工资水平过高，可以相应地进行调整和优化。

审核人工费用预算：经过分析和调整后的人工费用预算需要进行审核。审核可以由相关部门或者专业人员进行，以确保预算的合理性和准确性。

执行人工费用预算：经过审核的人工费用预算可以作为施工过程中的费用控制依据。在施工过程中，应该严格按照预算进行控制和管理，以确保人工费用的合理使用和控制。

（三）注意事项

在编制人工费用预算时，需要注意以下几点。

全面考虑：编制人工费用预算时需要全面考虑各种因素，包括工程量、施工工艺、工人的技能等级和工资标准等。同时还需要考虑当地的政策和相关规定等。

合理安排：合理安排工人的工作天数和总工资，避免出现工人工作时间过长或者工资水平过高的情况。同时还需要根据工程的实际情况来确定所需的工人数量。

第三节　建筑工程预算中的材料费用编制

一、材料费用的组成和计算方法

建筑工程预算中的材料费用是整个工程预算的重要组成部分，通常占据工程总预算的较大比例。材料费用的组成和计算方法直接关系到工程的成本和利润。

（一）材料费用的组成

材料费用主要包括材料购买费用、运输费用、保管费用等。其中，材料购买费用是最主要的组成部分，包括材料本身的购买价格、运输费用、装卸费用等。此外，材料费用还包括材料的质量保证金、预付款等其他费用。

在编制材料费用预算时，需要明确材料费用的组成和各项费用的计算方法。同时，还需要根据工程的实际情况和市场价格波动情况，对材料费用进行合理的预算和控制。

（二）材料费用的计算方法

1.按实计算法

按实计算法是指根据实际购买数量和单价计算材料费用的方法。在实际施工过程中，由于各种因素的影响，实际购买数量和单价可能与预算存在差异。因此，需要根据实际情况及时调整和修正材料费用预算。

2.平均计算法

平均计算法是指根据历史数据和实际情况，对材料费用进行平均计算的方法。这种方法适用于材料用量比较稳定、市场价格波动不大的情况。通过平均计算法，可以简化预算编制工作，提高效率。

3.比例计算法

比例计算法是指根据建筑工程的建筑面积、施工工艺等因素，按照一定的比例关系计算材料费用的方法。这种方法适用于建筑工程中一些常规材料的使用，如水泥、砂石等。通过比例计算法，可以较为准确地预测材料用量和费用。

（三）注意事项

在编制材料费用预算时，需要注意以下几点。

全面了解市场价格：市场价格波动对材料费用预算的影响较大。因此，在编制材料费用预算时，需要全面了解市场价格情况，并针对不同时期的市场价格进行合理的预测和调整。

合理确定材料用量：在编制材料费用预算时，需要根据工程的实际情况和施工图纸等因素，合理确定材料的用量。同时，还需要根据施工进度和实际情况及时进行调整和修正。

注意质量保证金和预付款等其他费用的计算：在编制材料费用预算时，需要注意质量保证金、预付款等其他费用的计算方法和金额。这些费用可能直接影响工程的成本和利润。

及时调整预算：由于各种因素的影响，实际购买数量和单价可能与预算存在差异。因此，需要及时调整和修正材料费用预算，以确保预算的合理性和准确性。

加强对材料费用的管理和监督：在施工过程中，需要加强对材料费用的管理和监督，确保材料的合理使用和节约成本。同时，还需要加强对材料库存的管理和维护，避免材料的损失和损坏。

二、确定材料消耗量和单价

建筑工程预算中的材料消耗量和单价是确定材料费用的关键因素。

（一）确定材料消耗量

材料消耗量是指施工过程中所消耗的各种材料的数量。确定材料消耗量是编制建筑工程预算的重要环节，其计算方法如下。

1.理论计算法

理论计算法是根据施工图纸和施工规范，计算出理论上的材料消耗量。这种方法考虑了材料的规格、尺寸、性能等因素，比较准确，但计算工作量较大。

2.经验估算法

经验估算法是根据过去的施工经验和类似的工程实例,估算出材料消耗量。这种方法简单快捷,但受经验限制,可能存在误差。

3.现场计量法

现场计量法是在施工过程中,对实际消耗的材料进行计量和记录。这种方法能够及时掌握实际消耗情况,但需要投入较多人力和时间。

在编制建筑工程预算时,应根据具体情况选择合适的计算方法。通常,理论计算法适用于有完整的设计图纸和规范的工程,经验估算法适用于类似的工程实例较多且材料消耗比较稳定的情况,现场计量法则适用于施工周期较长的工程。

(二)确定材料单价

材料单价是指购买材料所需的价格,包括材料本身的价格、运输费用、装卸费用等。确定材料单价是编制建筑工程预算的另一个重要环节,其计算方法如下。

1.市场调查法

市场调查法是通过调查市场上的材料价格信息,确定材料单价。调查对象包括供应商、市场价格、网络信息等。这种方法能够获取较为全面的价格信息,但需要对市场价格波动进行及时跟踪和调整。

2.合同定价法

合同定价法是通过与供应商签订合同,约定材料价格和质量标准等条件,确定材料单价。这种方法适用于长期合作关系或大量采购的情况,但需要签订合同时充分考虑市场价格波动风险。

3.综合定价法

综合定价法是根据工程的实际情况和类似工程实例,综合考虑材料的质量、性能、运输等因素,确定材料单价。这种方法适用于材料种类较多、规格复杂的情况,但需要充分了解市场行情和类似工程实例。

在编制建筑工程预算时,应根据具体情况选择合适的计算方法。市场调查法适用于对市场价格较为敏感的情况,合同定价法适用于长期合作关系或大量采购的情况，综合定价法适用于材料种类较多、规格复杂的情况。同时，还需要根据市场价格波动情况及时调整和修正材料单价预算。

（三）注意事项

在确定材料消耗量和单价时，需要注意以下几点。

及时了解市场行情：市场行情对材料单价的影响较大，需要及时了解市场价格波动情况并调整预算。同时，还需要关注供应商的价格策略和促销活动等。

综合考虑多方面因素：在确定材料消耗量和单价时，需要综合考虑材料的规格、质量、性能、运输等因素。同时，还需要考虑施工工艺和工程进度的要求。

合理确定损耗率：损耗率是指施工过程中材料的损耗与实际消耗量的比例。合理确定损耗率能够提高材料的利用率和降低工程成本。需要根据工程的实际情况和历史数据等信息来确定损耗率。

注意质量保证金和预付款等其他费用的计算：在确定材料单价时，需要注意质量保证金、预付款等其他费用的计算方法和金额。这些费用可能直接影响工程的成本和利润。

三、编制材料费用预算

建筑工程预算中的编制材料费用预算是整个工程预算的重要组成部分，涉及材料的采购、运输、储存和使用等多个环节。

（一）收集材料价格信息

编制材料费用预算的第一步是收集材料价格信息。可以通过以下途径获取。

建筑材料市场调查：通过实地考察、网络搜索、咨询专业人士等方式，了解当地建筑材料市场的价格信息，包括不同品牌、规格、质量、运输费用的材料价格。

参考类似工程实例：可以查阅类似工程的预算文件，了解其材料费用预算的编制方法和实际执行情况，为编制本工程材料费用预算提供参考。

咨询供应商：与供应商建立联系，直接咨询其材料价格、质量标准和库存情况等，获取更准确的信息。

（二）分析材料需求计划

在收集材料价格信息的基础上，需要对工程所需的各种材料进行需求分析。根据施工图纸和施工组织设计，计算出各种材料的用量和规格，并确定材料的品种、规格、性能等要求。

（三）计算材料费用预算

在分析材料需求计划的基础上，可以计算出材料费用预算。具体计算步骤如下。

计算各种材料的单位价格（单价）：根据供应商报价、市场价格等信息，计算出各种材料的单位价格（单价）。

计算材料总用量：根据材料需求计划，计算出各种材料的总用量。

计算材料费用预算：将各种材料的单位价格与总用量相乘，得出各种材料的总费用，汇总后即可得到材料费用预算。

（四）调整材料费用预算

在初步编制出材料费用预算后，需要进行调整和修正。具体步骤如下。

对比类似工程实例：将本工程的材料费用预算与类似工程的实例进行对比分析，找出差异原因，并据此对材料费用预算进行修正。

分析市场价格波动趋势：了解当地建筑材料市场的价格波动趋势，预测未来一段时间内的价格变化，并对材料费用预算进行相应调整。

考虑采购策略和库存管理：根据企业的采购策略和库存管理要求，对材料费用预算进行调整。例如，对于长期使用的材料，可以采用定期采购策略；对于短期使用的材料，可以采用一次性采购策略。

（五）确定材料费用预算

经过调整和修正后，最终确定材料费用预算。该预算应包括各种材料的用量、规格、单价和总费用等信息，以及采购、运输、储存和使用等环节的费用。在确定材料费用预算时，需要考虑以下几点。

合理控制材料成本：在保证材料质量的前提下，尽量降低材料成本，提高企业的盈利能力。

考虑资金计划和现金流：在确定材料费用预算时，需要考虑资金计划和现金流情况，确保企业有足够的资金支付材料费用。

遵循相关法律法规和标准：在确定材料费用预算时，需要遵循相关法律法规和标准的要求，确保企业合法合规经营。

（六）执行和控制材料费用预算

在确定材料费用预算后，需要严格执行和控制预算的执行情况。具体措施如下。

建立材料管理制度：建立完善的材料管理制度，明确材料的采购、运输、储存和使用等环节的管理要求和责任人。

严格控制材料采购：根据材料需求计划和库存情况，合理安排材料的采购时间和数量，避免过量采购或库存积压。

第四节 建筑工程预算中的设备费用编制

一、设备费用的组成和计算方法

建筑工程预算中的设备费用主要由设备购置费和设备安装调试费组成。下面将详细介绍设备费用的组成和计算方法。

（一）设备购置费

设备购置费是指为购买工程所需设备而支付的费用。它包括设备原价、运杂费和采购保管费等。

设备原价：设备原价是指设备制造厂的出厂价格或订货合同价格。在计算设备原价时，需要考虑设备的型号、规格、性能、材质等因素。

运杂费：运杂费是指将设备从制造厂或仓库运至施工现场所支付的费用。它包括运输费、装卸费、保险费等。

采购保管费：采购保管费是指为采购、保管设备而支付的费用。它包括采购费、仓储费、保管费等。

（二）设备安装调试费

设备安装调试费是指安装、调试工程所需设备而支付的费用。它包括安装费、调试费和其他费用等。

安装费：安装费是指为安装设备而支付的费用。它包括人工费、材料费、机械使用费等。

调试费：调试费是指为调试设备而支付的费用。它包括人工费、材料费、机械使用费等。

其他费用：其他费用是指为保证设备正常运行而支付的特殊费用，如检测费、维护费等。

（三）设备费用计算方法

设备费用的计算方法可以根据不同的工程类型和具体情况而有所不同。以下是一些常见的计算方法。

单位估价法：单位估价法是指根据设备单位价格和数量计算设备费用的方法。它适用于设备数量较多且型号、规格较简单的工程。

百分比法：百分比法是指根据设备费用占整个工程费用的比例计算设备费用的方法。它适用于设备费用相对较高的工程。

系数法：系数法是指根据工程类型、规模等因素，确定设备费用的系数，再结合工程总价计算设备费用的方法。它适用于设备费用比例较小的工程。

近似值法：近似值法是指根据近似值估算设备费用的方法。它适用于缺乏详细数据或时间紧迫的工程。

（四）注意事项

在计算设备费用时，需要注意以下几点。

了解市场行情：在计算设备费用时，需要了解当地建筑材料市场和设备市场的行情，以便合理确定设备的价格和采购方案。

考虑设备的性能和质量：在计算设备费用时，需要考虑设备的性能和质量，选择符合工程需求且性价比较高的设备。

考虑设备的运输和安装：在计算设备费用时，需要考虑设备的运输和安装等因素，合理确定设备的采购和安装方案。

考虑设备的维护和保修：在计算设备费用时，需要考虑设备的维护和保修等因素，选择具有良好售后服务的设备供应商。

遵循相关法律法规和标准：在计算设备费用时，需要遵循相关法律法规和标准的要求，确保企业合法合规经营。

总之，建筑工程预算中的设备费用是整个工程预算的重要组成部分，需要进行合理的计算和控制。在实际工作中，需要根据具体情况选择合适的计算方法，并遵循相关法律法规和标准的要求，确保企业合法合规经营。

二、确定设备消耗量和单价

在建筑工程预算中，确定设备消耗量和单价是非常重要的环节。下面将详细介绍如何确定设备消耗量和单价。

（一）确定设备消耗量

设备消耗量是指在工程建设过程中所需要的设备的数量。在确定设备消耗量时，需要考虑以下因素。

工程规模和需求：根据工程建设的需求和规模，确定所需设备的种类和数量。

设备的运行效率：设备的运行效率会影响设备的消耗量。例如，自动化程度高的设备比手动操作的设备运行效率更高，因此消耗量会相应减少。

设备的利用率：设备的利用率是指设备在一定时间内的使用时间与总时间的比值。设备的利用率越高，设备的消耗量越少。

设备的维护和保养：设备的维护和保养也会影响设备的消耗量。定期对设备进行维护和保养可以延长设备的使用寿命，减少设备的损坏和更换频率，从而降低设备的消耗量。

在确定设备消耗量时，可以采用以下方法。

经验估算法：根据以往的经验和数据，估算设备的消耗量。这种方法适用于缺乏详细数据或时间紧迫的情况。

统计分析法：通过对类似工程的数据进行分析，确定设备的消耗量。这种方法需要大量的数据支持。

理论计算法：根据设备的运行原理和使用要求，采用理论计算方法确定设备的消耗量。这种方法需要深入了解设备的性能和运行特点。

（二）确定设备单价

设备单价是指购买设备所需的价格。在确定设备单价时，需要考虑以下因素。

市场价格：了解当地建筑材料市场和设备市场的价格，以便合理确定设备的采购价格。

设备的性能和质量：设备的性能和质量会影响设备的价格。一般来说，高性能、高质量的设备价格较高，但使用效果和维护成本也相应增加。

供应商的报价：与供应商进行询价和谈判，了解供应商的报价和售后服务等情况。

政策法规和税收：了解当地政策法规和税收规定，以便在确定设备单价时进行合理的考虑。

在确定设备单价时，可以采用以下方法。

直接询价法：向多个供应商直接询价，了解设备的市场价格和供应情况。这种方法需要花费较多的时间和精力。

比价法：通过比较多个供应商的报价和质量，选择性价比最高的设备供应商。这种方法需要对比不同供应商的报价和质量等因素。

综合评估法：综合考虑设备的性能、质量、价格、售后服务等多个因素，对供应商进行综合评估和选择。这种方法需要综合考虑多个因素，并进行深入分析和评估。

（三）注意事项

在确定设备消耗量和单价时，需要注意以下几点。

充分了解市场行情：了解当地建筑材料市场和设备市场的行情，以便合理确定设备的价格和采购方案。

深入分析工程需求：根据工程建设的需求和规模，确定所需设备的种类和数量，并合理考虑设备的性能和质量等因素。

遵循相关法律法规和标准：在确定设备消耗量和单价时，需要遵循相关法律法规和标准的要求，确保企业合法合规经营。

建立完善的采购制度：建立完善的采购制度，规范采购流程，加强对供应商的管理和维护，以确保采购到性价比最高的设备。

三、编制设备费用预算

建筑工程预算中的编制设备费用预算是整个预算过程中非常重要的一环，它涉及设备的采购、运输、安装、调试等多个环节的费用。

（一）确定设备采购方案

在编制设备费用预算之前，需要先确定设备的采购方案。根据工程需求和规模，选择合适的设备型号、规格、性能和质量等指标，并确定设备的采购数量和采购方式。

（二）分析设备市场价格

了解当地建筑材料市场和设备市场的价格行情，收集多个供应商的报价和售后服务等信息，并进行比价和分析。通过对市场价格的分析，可以初步确定设备的采购价格。

（三）编制设备采购清单

根据工程需求和设备采购方案，编制设备采购清单。清单中应包括设备的名称、型号、规格、数量、单价、总价、交货期和供应商等信息。同时，还需要考虑设备的运输和安装费用。

（四）计算设备费用预算

根据设备采购清单和相关费用标准，计算设备的采购、运输、安装、调试等各项费用。在计算过程中，需要考虑以下因素。

设备采购价格：根据市场价格和供应商报价，确定设备的采购价格。

设备运输费用：根据设备的尺寸、重量和运输距离等因素，确定设备的运输方式和运费。

设备安装费用：根据设备的安装要求和安装难易程度，确定设备的安装费用。

设备调试费用：根据设备的调试要求和调试难易程度，确定设备的调试费用。

其他相关费用：如设备保险费、税费等其他相关费用也需要纳入设备费用预算中。

（五）注意事项

在编制设备费用预算时，需要注意以下几点。

了解设备的性能和质量：在编制预算前，需要对所需设备的性能和质量有充分的了解，以便合理确定设备的采购价格和各项费用。

遵循相关法律法规和标准：在编制设备费用预算时，需要遵循相关法律法规和标准的要求，确保预算的合法合规性。

建立完善的供应商管理体系：建立完善的供应商管理体系，加强对供应商的评估和管理，确保采购到性价比最高的设备。同时，与供应商建立良好的合作关系，争取更好的价格和售后服务。

考虑设备的使用和维护成本：在编制设备费用预算时，需要考虑设备的使用和维护成本。这些成本包括设备的运行能耗、维护保养费用、维修配件费用等。这些成本会影响整个工程的运营成本，因此在编制预算时需要充分考虑。

考虑资金的时间价值：在编制设备费用预算时，需要考虑资金的时间价值。不同的付款方式和付款期限会影响到企业的现金流和财务成本。因此，在编制预算时需要合理安排付款方式和付款期限，以降低财务成本和风险。

考虑风险因素：在编制设备费用预算时，需要考虑风险因素。这些风险因素包括市场价格波动、供应商违约、运输延误等。在编制预算时需要制定相应的风险应对措施，以降低风险对企业的影响。

定期更新预算：在工程建设过程中，实际情况可能会发生变化，因此需要定期更新设备费用预算。在更新预算时，需要考虑到实际情况的变化和新的市场信息等因素，以保证预算的准确性和有效性。

第五节　建筑工程预算中的其他费用编制

一、其他费用的组成和计算方法

建筑工程预算中的其他费用是指除了直接工程费用（如人工费、材料费、机械使用费等）和措施费用（如施工组织设计费、夜间施工费、临时设施费等）之外的其他费用。这些费用在整个工程预算中虽然所占比例不大，但它们的核算和确定对于工程的顺利实施和成本控制仍然具有重要意义。

（一）工程排污费

工程排污费是指施工现场排放到城市污水管网和水体的污水所应缴纳的费用。根据工程所在地的不同，排污费的计算标准也有所差异。例如，在一些地方，工程排污费按照施工面积计算；而在另一些地方，则可能按照直接工程费用的比例计算。因此，在确定工程排污费时，需要根据工程所在地的具体规定进行计算。

（二）工程保险费

工程保险费是指为避免因自然灾害、意外事故或人为破坏等原因造成工程损失而支付的费用。在建筑工程预算中，通常包括工程一切险和第三方责任险等险种。工程保险费的计算方法通常按照直接工程费用的比例计算，即保险费=直接工程费用×保险费率。

（三）安全生产文明施工费

安全生产文明施工费是指施工现场为达到环保部门要求和安全生产法规标准而发生的相关费用。安全生产文明施工费的计算方法通常按照直接工程费用的比例计算，即安全生产文明施工费=直接工程费用×费率。不同地区和不同工程类型的安全生产文明施工费的费率可能会有所不同，因此在计算时需要参照当地规定和标准进行确定。

（四）其他杂项费用

除了上述费用外，建筑工程预算中还可能包括其他杂项费用，如工程审计费、工程招投标费、工程监理费、临时设施费等。这些费用的计算方法因具体情况而异，一般按照相应的标准和定额进行计算。

在计算其他费用时，需要注意以下几点。

了解当地政策和标准：不同地区对于各项费用的计算标准和要求可能会有所不同，因此在计算其他费用时需要了解当地政策和标准，并参照执行。

遵循相关法律法规和标准：在计算其他费用时，需要遵循相关法律法规和标准的要求，确保各项费用的合法合规性。

合理确定各项费用的范围和标准：在确定各项费用的范围和标准时，需要考虑工程的实际情况和特点，避免过高或过低地估算各项费用。

及时调整预算：在工程建设过程中，实际情况可能会发生变化，因此需要及时调整预算。在调整预算时，需要考虑到实际情况的变化和新的市场信息等因素，以保证预算的准确性和有效性。

总之，建筑工程预算中的其他费用虽然所占比例不大，但它们的核算和确定对于工程的顺利实施和成本控制仍然具有重要意义。在编制预算时需要充分了解各项费用的范围和标准，遵循相关法律法规和标准的要求，合理确定各项费用的范围和标准，并及时调整预算以保证工程的顺利实施和成本控制的有效性。

二、编制其他费用预算

建筑工程预算中的编制其他费用预算是整个工程预算中的重要组成部分，包括了许多不可预见的费用和支出。这些费用和支出在工程实施过程中可能会因各种原因而发生变化，因此，合理地编制其他费用预算对于工程的顺利实施和成本控制具有重要意义。下面将详细介绍编制其他费用预算的方法和步骤。

（一）了解工程概况和预算标准

在编制其他费用预算之前，需要充分了解工程概况和预算标准。工程概况包括工程类型、规模、结构形式、装修标准等，而预算标准则包括当地政府规定的各项费用标准和定额。在了解工程概况和预算标准的基础上，可以初步估算出整个工程的直接工程费用和措施费用，为后续的其他费用预算编制提供基础数据。

（二）确定其他费用的范围和标准

在编制其他费用预算时，需要确定其他费用的范围和标准。其他费用的范围包括工程排污费、工程保险费、安全生产文明施工费、工程审计费、工程招投标费、工程监理费、临时设施费等。在确定其他费用的范围和标准时，需要参照当地政策和标准，并结合工程的实际情况和特点进行确定。

（三）分析历史数据和市场信息

分析历史数据和市场信息可以帮助编制人员更好地了解各项费用的变化趋势和市场需求。通过分析历史数据和市场信息，可以了解到各项费用的平均水平、最高水平和最低水平等指标，从而为编制其他费用预算提供参考。

（四）编制其他费用预算

在确定了其他费用的范围和标准后，需要结合工程的实际情况和特点进行编制其他费用预算。在编制其他费用预算时，需要注意以下几点。

合理确定各项费用的比例和权重：在编制其他费用预算时，需要根据各项费用的比例和权重进行合理分配。同时需要考虑不同工程类型、规模、结构形式等因素对各项费用的影响。

适当调整各项费用：在编制其他费用预算时，需要考虑实际情况的变化和新的市场信息等因素对各项费用的影响，并进行适当调整。同时还需要对各项费用的合理性和必要性进行充分评估和论证。

预留一定的调整空间：在编制其他费用预算时，需要预留一定的调整空间以应对可能出现的不可预见因素。可以通过在预算中加入一些可调整的项目或根据实际情况进行适当调整来达到预留调整空间的目的。

按照一定顺序进行编制：在编制其他费用预算时，需要按照一定的顺序进行编制。可以先从较为固定的项目开始编制，例如工程排污费、工程保险费等；再根据工程的实际情况和特点对其他项目进行编制。

做好记录和说明：在编制其他费用预算时，需要做好记录和说明工作。需要记录各项费用的计算依据和方法、调整原因和金额等信息，并对一些特殊情况或需要说明的问题进行详细说明。

（五）审核与调整预算

在编制完其他费用预算后，需要进行审核与调整工作。审核与调整工作包括对预算的合理性、准确性和完整性等方面进行检查和评估。如果发现存在不合理或不符合实际情况的项目或金额，需要及时进行调整或修正以确保整个工程的顺利实施和成本控制的有效性。

总之，编制建筑工程预算中的其他费用预算，需要结合工程的实际情况和特点进行合理确定各项费用的范围和标准，并按照一定的顺序进行编制。同时需要进行审核与调整工作以保证整个工程的顺利实施和成本控制的有效性。

第四章 安装工程预算编制

第一节 安装工程预算编制的准备工作

一、了解安装工程的基本情况

安装工程预算编制的准备工作是整个预算编制过程中非常重要的一个环节，只有充分了解安装工程的基本情况，才能为后续的预算编制提供准确的基础和依据。

（一）了解安装工程基本情况的重要性

了解安装工程的基本情况是预算编制人员在进行预算编制前必须要做的一项工作。这项工作的重要性主要体现在以下几个方面。

确定预算编制的范围和内容：了解安装工程的基本情况可以帮助预算编制人员明确预算编制的范围和内容，从而更好地确定预算中需要包含的项目和费用。

确定预算编制的依据和标准：了解安装工程的基本情况可以帮助预算编制人员确定预算编制的依据和标准，例如安装工程的施工图纸、施工组织设计、定额、取费标准等。

评估工程量和费用：了解安装工程的基本情况可以帮助预算编制人员评估工程量和费用，从而更好地确定预算中各项费用的比例和权重，为后续的预算编制提供基础数据。

预测风险和变化：了解安装工程的基本情况可以帮助预算编制人员预测风险和变化，从而更好地应对可能出现的不可预见因素，为后续的预算调整提供依据。

（二）了解安装工程基本情况的具体内容

在了解安装工程基本情况时，预算编制人员需要了解以下几方面的内容。

工程概况：需要了解安装工程的类型、规模、结构形式、装修标准等基本情况，以及工程的地理位置、周边环境等。

施工图纸和施工组织设计：需要了解安装工程的施工图纸和施工组织设计，包括施工平面图、施工立面图、施工剖面图、节点大样图等，以及施工过程中的施工工艺、施工方法、材料使用等。

定额和取费标准：需要了解安装工程所使用的定额和取费标准，包括人工费、材料费、机械使用费、间接费用等各项费用的标准和计算方法。

施工工期和施工组织：需要了解安装工程的施工工期和施工组织情况，包括施工队伍的组织形式、人员的配备情况、材料的采购和运输情况等。

质量要求和验收标准：需要了解安装工程的质量要求和验收标准，包括材料的质量要求、施工过程中的质量要求、验收的标准和程序等。

其他相关费用：需要了解安装工程的其他相关费用，例如工程排污费、工程保险费、安全生产文明施工费等。

（三）了解安装工程基本情况的措施

为了更好地了解安装工程的基本情况，预算编制人员可以采取以下措施。

仔细阅读相关文件和资料：在编制预算前，预算编制人员需要仔细阅读与安装工程相关的文件和资料，例如工程合同、施工图纸、施工组织设计等。

进行现场踏勘和调查：预算编制人员可以进行现场踏勘和调查，了解安装工程的实际情况和特点，观察现场环境、查看施工设施和材料等。

与相关人员进行沟通和交流：预算编制人员可以与安装工程的相关人员进行沟通和交流，例如设计师、工程师、施工队伍等，了解他们对预算编制的建议和要求。

参考类似工程的预算编制经验：如果类似工程的预算编制经验可获得，预算编制人员可以参考这些经验来更好地了解安装工程的基本情况。

借助专业知识和技能：预算编制人员可以借助专业知识和技能来更好地了解安装工程的基本情况，例如使用定额软件、参考类似工程的定额数据等。

二、收集相关资料和信息

安装工程预算编制的准备工作是整个预算编制过程中至关重要的一环,其中收集相关资料和信息是预算编制人员必须要进行的一项工作。通过收集和分析相关资料和信息,预算编制人员可以更好地了解安装工程的实际情况,为后续的预算编制提供准确的基础和依据。

(一)收集相关资料和信息的重要性

收集相关资料和信息是预算编制人员在进行预算编制前必须要进行的一项工作,其重要性主要体现在以下几个方面。

保证预算编制的准确性:通过收集和分析相关资料和信息,预算编制人员可以更好地了解安装工程的实际情况,从而保证预算编制的准确性。例如,通过对施工图纸和施工组织设计的分析,可以更加准确地计算出工程量和费用。

提高工作效率:通过收集和分析相关资料和信息,预算编制人员可以更加快速地确定预算编制的范围和内容,避免漏项和重复,提高工作效率。

增强预算编制的合理性:通过收集和分析相关资料和信息,预算编制人员可以更加全面地了解安装工程的相关因素,例如材料价格、人工费用等,从而更加合理地确定各项费用,增强预算编制的合理性。

预测风险和变化:通过收集和分析相关资料和信息,预算编制人员可以预测到一些可能出现的风险和变化,从而提前做好应对措施,保证工程的顺利进行。

(二)收集相关资料和信息的具体内容

在收集相关资料和信息时,预算编制人员需要收集以下几方面的内容。

工程合同:需要收集安装工程的合同文件,了解工程的施工范围、工期、质量要求、付款方式等重要条款。

施工图纸:需要收集安装工程的施工图纸,包括建筑总平面图、安装工程平面图、系统图等,以便于计算工程量和费用。

施工组织设计:需要收集安装工程的施工组织设计,了解施工流程、施工方法、材料使用等情况。

定额和取费标准:需要收集安装工程所使用的定额和取费标准,包括人工费、材料费、机械使用费、间接费用等各项费用的标准和计算方法。

材料价格：需要收集安装工程所需材料的价格信息，包括品牌、型号、规格、价格等。

人工费用：需要收集安装工程所需人工的费用信息，包括工种、工资标准等。

其他相关费用：需要收集安装工程的其他相关费用信息，例如工程排污费、工程保险费、安全生产文明施工费等。

（三）收集相关资料和信息的措施

为了更好地收集相关资料和信息，预算编制人员可以采取以下措施。

多渠道获取信息：预算编制人员可以通过多种渠道获取相关信息，例如通过互联网搜索、查阅相关文献资料、咨询专业人士等途径获取相关信息。

筛选和整理信息：对于收集到的信息，预算编制人员需要进行筛选和整理，去除无效和不准确的信息，保留有用的信息。

现场调查和踏勘：对于一些无法从文献资料中获取的信息，预算编制人员可以进行现场调查和踏勘，了解实际情况和现场环境。

与相关人员进行沟通和交流：预算编制人员可以与安装工程的相关人员进行沟通和交流，例如设计师、工程师、施工队伍等，了解他们对预算编制的建议和要求。

使用专业软件工具：预算编制人员可以使用一些专业的软件工具来辅助收集和分析相关信息，例如使用定额软件来计算工程量和费用等。

三、确定编制方法和依据

安装工程预算编制的准备工作是整个预算编制过程中至关重要的一环，其中确定编制方法和依据也是预算编制人员必须要进行的一项工作。通过选择合适的编制方法和依据，预算编制人员可以更加准确地计算出安装工程的各项费用，提高预算编制的准确性和合理性。

（一）确定编制方法的重要性

在安装工程预算编制的准备工作中，确定编制方法是非常重要的。因为不同的编制方法会对预算结果产生不同的影响，因此选择合适的编制方法可以保证预算编制的准确性。同时，合适的编制方法还可以提高工作效率，减少重复和漏项，保证预算编制的质量。

（二）确定编制方法的依据

在确定安装工程预算编制的方法时，需要考虑以下因素。

安装工程的类型和特点：不同类型的安装工程和不同的施工环境会对预算编制产生不同的影响，因此需要根据安装工程的类型和特点来确定编制方法。

定额和取费标准：定额和取费标准是预算编制中重要的依据之一，因此在确定编制方法时需要考虑所使用的定额和取费标准。

材料价格和人工费用：材料价格和人工费用是安装工程中重要的费用之一，因此在确定编制方法时需要考虑这些因素。

施工组织和施工方法：施工组织和施工方法也是影响预算编制的重要因素之一，因此在确定编制方法时需要考虑这些因素。

其他相关因素：除了以上因素，还需要考虑其他相关因素，例如工程所在地的政策法规、环保要求等。

（三）常见的编制方法

在安装工程预算编制中，常见的编制方法有以下几种。

清单计价法：清单计价法是指按照工程量清单的计价规范，将安装工程的各个分部分项工程的名称、规格、数量等详细列出，并依据相应的定额和取费标准计算出每个分部分项工程的费用，最后汇总得到整个安装工程的总造价。该方法适用于招标投标阶段的工程量清单报价和结算阶段的工程量清单结算。

定额计价法：定额计价法是指按照国家或地方颁布的定额和取费标准，结合图纸计算出工程量，并依据定额单价计算出每个分部分项工程的费用，最后汇总得到整个安装工程的总造价。该方法适用于传统的预算编制方式，也是目前使用较为广泛的一种编制方法。

综合单价法：综合单价法是指按照图纸计算出工程量后，根据材料价格、人工费用等因素综合考虑每个分部分项工程的单价，并依据相应的定额和取费标准计算出每个分部分项工程的费用，最后汇总得到整个安装工程的总造价。该方法适用于一些较为复杂的安装工程，能够充分考虑各种因素的影响。

实物量法：实物量法是指按照图纸计算出工程量后，根据人工、材料、机械等实物消耗量进行计算，得出每个分部分项工程的单价，并依据相应的定额和取费标准计算出每个分部分项工程的费用，最后汇总得到整个安装工程的总造价。该方法适用于一些常规的安装工程，能够较为准确地反映实际情况。

（四）选择合适的编制方法的因素

在选择合适的编制方法时，需要考虑以下因素。

工程特点和要求：不同类型的安装工程和不同的施工环境会对预算编制产生不同的影响，因此需要根据工程特点和要求来确定编制方法。

招标投标情况：如果是在招标投标阶段进行预算编制，需要使用清单计价法来报价；如果是在结算阶段进行预算编制，需要根据合同约定选择合适的编制方法。

四、建立预算定额和取费标准

在安装工程预算编制的准备工作中，建立预算定额和取费标准是必不可少的一步。预算定额是编制预算的基础，它规定了完成一定计量单位的分部分项工程所需的人工、材料、机械台班的消耗量标准。取费标准则是根据国家和地方的政策法规、行业规定以及企业内部的规章制度等，对安装工程中的各项费用进行分类和计取。

（一）建立预算定额的重要性

预算定额是编制预算的核心，它直接关系到预算编制的准确性和合理性。建立科学合理的预算定额可以保证安装工程预算的准确性，避免出现漏项或重复计算的情况。同时，预算定额还可以作为招投标和施工管理的重要依据，为施工企业提供明确、具体的技术经济指标，提高施工企业的管理水平和经济效益。

（二）预算定额的制定原则

制定预算定额时需要遵循以下原则。

平均先进原则：预算定额应当能够反映施工企业的平均先进水平，即在正常施工条件下，大多数施工企业能够达到或超过的水平。这样可以保证预算编制的合理性和公正性。

简明适用原则：预算定额应当简明扼要、通俗易懂，方便使用。在制定预算定额时，应当考虑到实际使用中的各种情况，避免出现歧义和误解。

统一性原则：预算定额应当在一定的范围内保持统一，避免出现地区之间、企业之间的差异。这样可以保证预算编制的公正性和可比性。

稳定性原则：预算定额应当具有一定的稳定性，不宜频繁修改。在制定预算定额时，应当充分考虑各种因素，合理预测未来的变化趋势，确保预算定额的可持续性和适用性。

（三）取费标准的制定依据

取费标准是安装工程预算编制中重要的费用之一，它包括直接费、间接费、利润和税金等。取费标准的制定依据主要包括以下几个方面。

国家政策和法规：国家和地方的政策法规对各项费用的计取标准和方式都有明确的规定，因此在制定取费标准时需要严格遵守相关法规，确保取费标准的合法性和合规性。

行业规定和标准：不同的行业和地区对安装工程的取费标准和方式也有不同的规定和标准，因此在制定取费标准时需要参考行业规定和标准，确保取费标准的合理性和科学性。

企业内部规定和制度：企业内部的规定和制度也是制定取费标准的重要依据之一。企业可以根据自身的实际情况和需要，对各项费用的计取方式和标准进行规定和调整，确保取费标准的可行性和可操作性。

市场价格和行情：市场价格和行情也是制定取费标准的重要参考因素之一。在制定取费标准时，需要充分了解市场价格和行情，考虑材料、人工、机械等方面的价格变化趋势，确保取费标准的合理性和公正性。

（四）建立合理的预算定额和取费标准

建立合理的预算定额和取费标准需要从以下几个方面入手。

深入调查研究：在制定预算定额和取费标准前，需要对安装工程的相关资料进行深入调查研究，包括图纸资料、施工规范、技术标准等。同时还需要了解市场需求和价格变化趋势等相关信息。

统计分析实际消耗数据：通过对实际消耗数据的统计分析，可以掌握安装工程中各项资源的消耗情况，为制定预算定额提供可靠的依据。

科学计算和分析：采用科学的方法对安装工程中的各项费用进行计算和分析，包括人工费、材料费、机械使用费等各项费用。同时还需要考虑风险因素和市场变化趋势等因素的影响。

第二节 安装工程预算中的人工费用编制

一、人工费用的组成和计算方法

在安装工程预算中，人工费用是重要的组成部分之一。人工费用是指完成一项安装工程所需的人工消耗的费用，包括基本工资、津贴、奖金、社会保险等。

（一）人工费用的组成

安装工程预算中的人工费用主要由以下几部分组成。

基本工资：指支付给员工的固定工资，包括基础工资、岗位工资、技能工资等。基本工资是人工费用的主要组成部分之一，需要根据员工的职务、技能水平、工作性质等因素确定。

津贴：指支付给员工的各种津贴，包括加班津贴、夜班津贴、高空作业津贴等。津贴是为了补偿员工在特殊工作环境下的劳动付出，需要根据工作性质和工作环境等因素确定。

奖金：指支付给员工的奖金，包括业绩奖、年终奖、项目奖等。奖金是为了激励员工更好地完成工作任务，需要根据工作任务的重要程度、完成情况等因素确定。

社会保险：指为员工缴纳的各种社会保险费用，包括养老保险、医疗保险、失业保险、工伤保险等。社会保险是保障员工权益的重要措施，需要按照国家规定缴纳相关费用。

（二）人工费用的计算方法

在安装工程预算中，人工费用的计算方法通常采用以下几种。

经验估算法：根据以往的经验和数据，对人工费用进行估算。该方法适用于规模较小或无详细图纸的工程，精度较低，适用于初步估算或应急估价。

单元估算法：根据安装工程的单元或部位进行估算，将整个工程划分为若干个单元或部位，分别计算每个单元或部位的人工费用。该方法适用于规模较大、施工周期较长的工程，精度较高。

参数估算法：根据安装工程的参数进行估算，将工程中的各种参数（如工程量、材料用量、机械用量等）与人工费用的关系进行分析和计算，得出人工费用。该方法适用于规模较大、施工周期较长的工程，精度较高。

比较估算法：根据类似工程的统计数据或历史数据进行比较分析，得出类似工程的人工费用。该方法适用于规模较小或无详细图纸的工程，精度较低，但可以快速得到近似结果。

在实际应用中，可以根据具体情况选择合适的人工费用计算方法。如果需要精确计算人工费用，建议采用单元估算法或参数估算法；如果需要快速得到近似结果，可以考虑使用经验估算法或比较估算法。无论采用何种计算方法，都需要对计算结果进行审核和校核，确保其合理性和准确性。

（三）影响人工费用的因素

影响安装工程预算中人工费用的因素有很多，主要包括以下几点。

人员素质：指员工的技术水平、技能水平、工作经验等。人员素质越高，人工费用也会相应提高。

工作环境：指工程所处的地理位置、气候条件、工作场所等。工作环境越差，人工费用也会相应提高。

工程规模：指工程的施工面积、高度、结构形式等。工程规模越大，人工费用也会相应提高。

施工难度：指工程的施工难度、技术要求等。施工难度越大，人工费用也会相应提高。

市场价格：指市场上人力资源的价格水平。市场价格越高，人工费用也会相应提高。

二、确定人工消耗量和单价

在安装工程预算中，确定人工消耗量和单价是非常重要的环节。

（一）确定人工消耗量

人工消耗量是指完成一项安装工程所需的人工工日数。在确定人工消耗量时，需要考虑以下因素。

工程量：根据安装工程的工程量，可以初步估算所需的人工工日数。一般情况下，可以根据工程量的大小，按照一定的比例关系计算人工消耗量。

工作效率：工作效率是指员工在单位时间内完成的工作量。在确定人工消耗量时，需要考虑员工的工作效率，以避免出现人力浪费的情况。

施工组织设计：施工组织设计是指对施工过程进行合理安排和组织的设计方案。在确定人工消耗量时，需要考虑施工组织设计中的施工方法、施工顺序等因素，以合理安排员工的工作任务。

经验数据：可以根据以往的经验数据，对人工消耗量进行估算。经验数据可以根据类似工程的实际完成情况得出，也可以根据行业内的统计数据进行参考。

在确定人工消耗量时，需要注意以下几点。

要根据工程的实际情况进行估算，避免出现人力浪费或不足的情况。

要考虑员工的工作效率和施工组织设计中的因素，以合理安排员工的工作任务。

要根据行业内的规定和标准进行估算，以确保估算结果的准确性和合理性。

（二）确定人工单价

人工单价是指完成一个工日所需的人工费用。在确定人工单价时，需要考虑以下因素。

员工的基本工资：基本工资是人工单价的重要组成部分之一。需要根据员工的职务、技能水平、工作性质等因素确定基本工资水平。

津贴和奖金：津贴和奖金是人工单价中的另一个组成部分。需要根据工作性质和工作环境等因素确定津贴和奖金水平。

社会保险费用：需要按照国家规定缴纳员工的社会保险费用，包括养老保险、医疗保险、失业保险、工伤保险等。这些费用也是人工单价的重要组成部分之一。

市场价格：市场价格是影响人工单价的重要因素之一。需要根据市场价格水平确定人工单价水平。

在确定人工单价时，需要注意以下几点。

要根据员工的实际情况确定基本工资水平，以确保员工的合法权益得到保障。

要根据工作性质和工作环境等因素确定津贴和奖金水平，以激励员工更好地完成工作任务。

要按照国家规定缴纳员工的社会保险费用，以确保员工的权益得到保障。

要根据市场价格水平确定人工单价水平，以确保预算的准确性和合理性。

三、编制人工费用预算

在安装工程预算中，编制人工费用预算是不可或缺的环节。人工费用是指直接从事安装工程施工的工人的工资、津贴、奖金、社保等费用。这些费用在安装工程预算中占据着相当大的比例，因此合理编制人工费用预算对于控制工程成本和提高经济效益具有重要意义。

（一）确定人工费用预算的编制依据

在编制人工费用预算之前，需要明确编制依据。通常情况下，人工费用预算的编制依据包括以下内容。

施工合同：施工合同是确定人工费用的重要依据之一。在合同中，应明确人工工日单价、工作内容、工作时间、工资支付方式等相关条款，以便预算编制人员能够合理确定人工费用。

工资标准：工资标准是确定人工费用的另一个重要依据。根据不同岗位、技能水平和工作性质等因素，应制定相应的工资标准。这些标准通常由企业或行业制定，并按照国家相关法规进行调整和执行。

人工工日数量：根据施工计划和工程量，可以确定人工工日数量。人工工日数量是指直接从事安装工程施工的工人在一个工作日内所完成的工作量。预算编制人员需要根据工程量和施工计划，合理确定人工工日数量。

其他费用：除了工资和工日数量，还需要考虑其他相关费用，如社会保险费、福利费、培训费等。这些费用也需要根据国家和企业规定进行计算和编制。

（二）编制人工费用预算的步骤

在确定了编制依据后，可以开始编制人工费用预算。以下是编制人工费用预算的一般步骤。

收集相关资料：收集与安装工程相关的资料，包括施工图纸、施工合同、工程量清单等。这些资料是编制人工费用预算的重要依据。

计算人工工日数量：根据施工计划和工程量，计算所需的人工工日数量。这需要考虑施工进度、工作效率和工作强度等因素。

确定人工工日单价：根据工资标准和相关规定，确定每个工日的工资单价。这需要考虑员工岗位、技能水平、工作性质等因素。

计算人工费用总额：将人工工日数量乘以人工工日单价，即可得到人工费用总额。

编制人工费用预算表：将计算得到的人工费用填入预算表中，并注明相关说明和备注。预算表应包括人工费用总额、分项详细费用、计算方法和依据等内容。

审核和调整：在完成人工费用预算编制后，需要进行审核和调整。这包括与相关部门和人员进行沟通、核对数据和调整预算等。确保预算编制的准确性和合理性。

执行和监督：在执行过程中，需要监督人工费用的使用情况，及时调整和控制预算。确保实际支出与预算相符，防止出现超支或浪费等情况。

（三）提高人工费用预算编制的准确性

为了提高人工费用预算编制的准确性，可以采取以下措施。

充分了解工程情况：对安装工程的工程量、施工计划、施工环境等情况进行充分了解和分析，以便合理确定人工工日数量和工资标准。

参考历史数据和市场价格：在编制人工费用预算时，可以参考历史数据和市场价格进行比较和分析。这有助于确定合理的工资标准和人工工日单价。

加强沟通和协调：与相关部门和人员进行充分的沟通和协调，确保数据和信息的准确性和一致性。避免出现误差和误解等问题。

采用先进的技术和方法：采用先进的技术和方法进行数据分析和处理，提高预算编制的效率和准确性。例如，采用计算机软件系统进行数据录入和分析、采用概率论和统计方法进行风险评估和预测等。

加强监督和控制：对人工费用的使用情况进行监督和控制，及时发现和解决问题。同时，加强内部审计和监督机制，确保预算编制的准确性和合理性。

第三节 安装工程预算中的材料费用编制

一、材料费用的组成和计算方法

在安装工程预算中，材料费用是重要的组成部分之一。材料费用包括用于安装工程的各类材料，如钢材、管材、电线、油漆、涂料等。这些材料在安装工程中发挥着重要作用，因此合理计算材料费用对于控制工程成本和提高经济效益具有重要意义。

（一）材料费用的组成

材料费用主要由以下几个部分组成。

材料原价：材料原价是指供应商对每种材料的出厂价格或批发价格。在计算材料费用时，需要根据所需材料的种类、规格、数量等，乘以相应的材料原价。

运杂费：运杂费是指将材料从供应商运至施工现场所发生的费用。运杂费包括运输费、装卸费、保险费等。根据实际发生的情况，运杂费可以采用不同的计算方法，如按重量、体积、距离等计算。

运输损耗费：运输损耗费是指材料在运输过程中所发生的损耗。根据规定，不同种类的材料有不同的运输损耗率。计算方法为：运输损耗费=材料原价×运输损耗率。

采购及保管费：采购及保管费是指为采购、保管材料而发生的一切费用。包括材料的仓储费、保管费、维护费等。计算方法为：采购及保管费=材料原价×采购及保管费率。

其他费用：除了上述费用，还可能发生其他相关费用，如二次搬运费、检验试验费等。这些费用也需要根据实际情况进行计算。

（二）材料费用的计算方法

在安装工程预算中，材料费用的计算方法通常有以下几种。

按材料消耗量计算：根据安装工程所需的材料种类、规格、数量等，乘以相应的材料单价，即可得到该种材料的总费用。将所有材料的费用相加，即可得到总的材料费用。这种方法主要适用于价值较低的材料。

按分部分项工程计算：根据安装工程的分部分项工程，如管道安装、电气设备安装等，分别计算每个分项工程的材料费用。这种方法主要适用于价值较高的材料。

按施工图纸计算：根据施工图纸，可以计算出所需材料的种类、规格、数量等，进而计算出材料费用。这种方法需要结合施工图纸和实际情况进行计算。

按经验估算：根据以往的经验和数据，对某些常规材料的费用进行估算。这种方法主要适用于价值较低且用量较小的材料。

在计算材料费用时，需要根据实际情况选择合适的方法。同时，还需要注意以下几点。

合理确定材料的用量和规格：材料的用量和规格对材料费用的计算至关重要。因此，需要根据安装工程的实际情况和设计要求，合理确定材料的用量和规格。

注意材料的损耗和浪费：材料的损耗和浪费会影响材料费用的计算。因此，在计算材料费用时，需要考虑材料的损耗和浪费情况，并按照规定进行相应调整。

考虑市场价格波动：材料的市场价格可能会随着时间而波动。因此，在计算材料费用时，需要考虑市场价格波动的影响，并按照最新价格进行计算。

加强沟通和协调：与相关部门和人员进行充分的沟通和协调，确保数据和信息的准确性和一致性。避免出现误差和误解等问题。

采用先进的技术和方法：采用先进的技术和方法进行数据分析和处理，提高预算编制的效率和准确性。例如，采用计算机软件系统进行数据录入和分析、采用概率论和统计方法进行风险评估和预测等。

加强监督和控制：对材料费用的使用情况进行监督和控制，及时发现和解决问题。同时，加强内部审计和监督机制，确保预算编制的准确性和合理性。

二、确定材料消耗量和单价

在安装工程预算中，确定材料消耗量和单价是计算材料费用的关键步骤。

（一）确定材料消耗量

材料消耗量是指安装工程中实际消耗的材料数量。确定材料消耗量的方法有以下几种：

按设计图纸计算：根据施工图纸和设计说明，可以计算出所需材料的种类、规格、数量等。这种方法主要适用于按施工图纸计算材料费用的方法。

按实际施工情况计算：根据实际施工情况，如实际挖掘量、实际焊接量等，可以计算出所需材料的种类、规格、数量等。这种方法主要适用于难以获取设计图纸或无法准确计算的情况下。

按规范和定额计算：根据相关规范和定额标准，可以计算出所需材料的种类、规格、数量等。这种方法主要适用于常规安装工程或具有相关定额标准的情况。

在确定材料消耗量时，需要注意以下几点。

合理考虑材料的损耗和浪费：材料的损耗和浪费会影响材料消耗量的计算。因此，需要根据实际情况考虑材料的合理损耗和浪费情况，并按照规定进行相应调整。

注意材料的替代和换算：在安装工程中，有时会使用替代材料或进行材料换算，如使用高强度材料替代低强度材料等。需要了解替代和换算的具体情况和影响，并进行相应调整。

加强数据记录和分析：对材料消耗量的数据记录和分析非常重要。需要建立完善的数据记录和分析系统，及时掌握材料消耗情况，为后续预算编制和控制提供依据。

（二）确定材料单价

材料单价是指供应商对每种材料的销售价格。在确定材料单价时，需要注意以下几点。

了解市场价格行情：及时了解市场价格行情，包括供应商的报价、同类产品的价格等，有助于确定合理的材料单价。

进行价格比较和分析：对不同供应商的价格进行比较和分析，包括价格差异的原因、产品质量和服务等方面的考虑，有助于选择合适的供应商和确定合理的材料单价。

考虑采购批量和谈判：在确定材料单价时，需要考虑采购批量和与供应商的谈判。采购批量越大，往往可以获得更好的价格优惠和谈判条件。与供应商进行有效的谈判，也可以争取更合理的材料单价。

注意材料质量的影响：材料质量对价格也有一定的影响。一般来说，高质量的材料往往价格较高。需要根据安装工程的需求和质量标准，选择合适的材料质量和价格组合。

建立完善的价格数据库：建立完善的价格数据库，记录每种材料的单价、供应商信息等详细数据，有助于后续预算编制的效率和准确性。

在确定材料单价时，需要注意以下几点。

合理考虑运输费用：运输费用是确定材料单价的重要因素之一。需要根据实际情况考虑材料的运输费用，并按照规定进行相应调整。

注意税收政策和相关规定：税收政策和相关规定会影响材料单价。需要了解相关税收政策和规定，并在预算编制中予以考虑。

与相关部门和人员进行沟通和协调：与采购部门、财务部门等相关部门和人员进行充分的沟通和协调，确保数据和信息的准确性和一致性。避免出现误差和误解等问题。

采用先进的技术和方法：采用先进的技术和方法进行数据分析和处理，提高预算编制的效率和准确性。例如，采用计算机软件系统进行数据录入和分析、采用概率论和统计方法进行风险评估和预测等。

三、编制材料费用预算

在安装工程预算中，编制材料费用预算是整个预算编制过程中的重要环节之一。材料费用预算的编制涉及各种材料的种类、规格、数量和单价等要素，需要进行全面的分析和计算。下面将详细介绍编制材料费用预算的方法和步骤。

(一)收集相关资料和信息

在编制材料费用预算之前,需要收集相关的资料和信息,包括以下内容。

设计图纸和设计说明:设计图纸和设计说明是确定材料种类和数量的重要依据。需要认真阅读和理解设计图纸和设计说明,了解工程所需要的各种材料的规格、型号和质量要求等。

工程量清单:工程量清单是安装工程预算编制的基础之一,其中列出了工程所需要的各种材料的数量和规格等。需要认真核对工程量清单中的材料种类和数量是否与设计图纸和实际施工情况相符。

材料单价和市场行情:材料单价和市场行情是编制材料费用预算的重要依据。需要收集相关材料的市场价格、供应商报价、运输费用等信息,并进行整理和分析。

相关规范和定额标准:相关规范和定额标准是编制材料费用预算的依据之一。需要了解各种材料的消耗定额、取费标准、计算规则等,并根据实际情况进行调整和修正。

其他相关信息:如政策法规、税收政策、汇率变化等,也需要及时了解和掌握,以便在编制材料费用预算时予以考虑。

(二)确定材料种类和数量

根据设计图纸和工程量清单等资料,需要确定安装工程中所需要的各种材料的种类和数量。在确定材料种类和数量时,需要注意以下几点。

按照设计要求确定材料种类:需要根据设计图纸和说明,确定所需材料的种类、规格、型号和质量要求等。如果设计图纸和说明中没有明确规定,需要根据相关规范和定额标准等进行确定。

准确计算材料数量:需要根据设计图纸和工程量清单等资料,准确计算所需材料的数量。在计算过程中需要注意扣除损耗和浪费等情况,以及考虑替代材料和材料换算等因素。

注意材料的替代和换算:在安装工程中,有时会使用替代材料或进行材料换算,如使用高强度材料替代低强度材料等。需要了解替代和换算的具体情况和影响,并进行相应调整。

及时更新材料清单：在确定材料种类和数量后，需要及时更新工程量清单，以便后续预算编制和控制等工作的进行。

（三）确定材料单价和总价

根据市场行情、供应商报价等信息，需要确定安装工程中所需要的各种材料的单价和总价。在确定材料单价和总价时，需要注意以下几点。

进行价格比较和分析：需要对不同供应商的价格进行比较和分析，包括价格差异的原因、产品质量和服务等方面的考虑，以便选择合适的供应商和确定合理的材料单价。

考虑批量采购和谈判：在确定材料单价时，需要考虑批量采购和与供应商的谈判。批量采购往往可以获得更好的价格优惠和谈判条件。与供应商进行有效的谈判，也可以争取更合理的材料单价。

注意税收政策和相关规定：税收政策和相关规定会影响材料单价。需要了解相关税收政策和规定，并在预算编制中予以考虑。

进行风险评估和控制：需要对市场价格波动、汇率变化等因素进行风险评估和控制，以便及时调整和控制材料费用预算。

建立完善的价格数据库：建立完善的价格数据库，记录每种材料的单价、供应商信息等详细数据，有助于后续预算编制的效率和准确性。

第四节　安装工程预算中的设备费用编制

一、设备费用的组成和计算方法

安装工程预算中的设备费用主要包括设备购置费和设备安装费。设备购置费是指购买设备本身所花费的费用，而设备安装费是指将设备安装到指定位置所需的费用。

（一）设备购置费

设备购置费是指购买设备本身所花费的费用，包括设备原价和设备运杂费。

设备原价：设备原价是指设备制造厂家或经销商的标价，包括设备本身的价格、包装费、运输费等。在计算设备购置费时，需要根据所需设备的型号、规格、数量和质量要求等，向设备制造厂家或经销商询价，并确定设备原价。

设备运杂费：设备运杂费是指从设备制造厂家或经销商到施工现场的运费、装卸费、保险费等。需要根据实际情况进行计算，包括设备的重量、体积、距离、运输方式等因素。

（二）设备安装费

设备安装费是指将设备安装到指定位置所需的费用，包括人工费、材料费和机械使用费等。

人工费：人工费是指安装工程师的人工工资和相关津贴等。需要根据安装工程的实际情况和当地工资水平进行计算。

材料费：材料费是指安装过程中所需的材料费用，包括管道、阀门、电缆、支架等。需要根据设计图纸和定额标准等资料进行计算。

机械使用费：机械使用费是指安装过程中所需的机械费用，包括起重机械、搬运机械、焊接机械等。需要根据实际情况进行计算，包括机械的租赁费用、操作人工工资等。

（三）计算方法

在计算安装工程预算中的设备费用时，需要根据实际情况进行计算，一般可以采用以下方法。

比例法：根据已完成的工程量或已确定的工程量与设备费用的比例关系，计算出设备费用。例如，可以根据已完成的工程量和设备费用的比例关系，计算出每完成一个单位工程量所需的设备费用。

综合单价法：根据设计图纸和定额标准等资料，计算出每个单位工程量所需的设备费用和安装费用等，并综合考虑各种因素，得出综合单价。然后根据综合单价和工程量计算出总价。

匡算估算法：根据类似工程的经验数据或类似设备的价格资料等，匡算出设备的总价。这种方法适用于缺乏详细资料的情况。

详细计算法：根据设计图纸和定额标准等资料，详细计算出每个设备的原价和安装费用等，并汇总得出总价。这种方法需要耗费较多的时间和精力，但结果较为准确。

（四）注意事项

在计算安装工程预算中的设备费用时，需要注意以下几点。

要根据设计图纸和定额标准等资料进行计算，并注意扣除重复计算的工程量。

要注意不同品牌和型号的设备的价格差异，并进行比较和分析。

要注意市场价格波动对设备费用的影响，并及时调整预算。

要建立完善的价格数据库，记录每种设备的价格、供应商信息等详细数据，以便于后续预算编制的效率和准确性。

要注意与供应商进行有效的沟通和谈判，争取更合理的价格和更好的服务。

二、确定设备消耗量和单价

在安装工程预算中，确定设备消耗量和单价是非常关键的步骤。

（一）确定设备消耗量

设备消耗量是指安装工程中所需设备的数量。在确定设备消耗量时，需要考虑以下因素。

设计图纸和定额标准：根据设计图纸和定额标准等资料，可以计算出每个单位工程量所需的设备数量和规格等。

类似工程经验：可以参考类似工程的实际设备消耗量和相关经验数据，对本工程设备消耗量进行估算。

施工组织设计：根据施工组织设计方案，可以确定本工程设备的需求计划和进场时间等，从而估算设备消耗量。

市场供应情况：需要考虑市场供应情况和供应商的能力，根据实际供应能力确定设备消耗量。

在确定设备消耗量时，需要注意以下几点。

要根据设计图纸和定额标准等资料进行计算，并注意扣除重复计算的工程量。

要注意不同品牌和型号的设备的价格差异，并进行比较和分析。

要注意市场价格波动对设备费用的影响，并及时调整预算。

要建立完善的价格数据库，记录每种设备的价格、供应商信息等详细数据，以便于后续预算编制的效率和准确性。

要注意与供应商进行有效的沟通和谈判,争取更合理的价格和更好的服务。

(二)确定设备单价

设备单价是指购买设备所需的价格。在确定设备单价时,需要考虑以下因素。

设备原价:根据设备制造厂家或经销商的报价,可以确定设备单价。需要注意的是,不同品牌和型号的设备的价格差异较大,需要进行比较和分析。

市场价格波动:市场价格波动对设备单价有较大的影响,需要及时了解市场价格波动情况,并调整预算。

类似工程经验:可以参考类似工程的实际设备单价和相关经验数据,对本工程设备单价进行估算。

施工组织设计:根据施工组织设计方案,可以确定本工程设备的进场时间和数量等,从而估算设备单价。

资金计划和支付能力:需要根据资金计划和支付能力等因素,确定本工程设备的购买方式和单价等。

在确定设备单价时,需要注意以下几点。

要根据实际情况进行计算,并注意市场价格波动对设备单价的影响。

要注意不同品牌和型号的设备的价格差异,并进行比较和分析。

要建立完善的价格数据库,记录每种设备的价格、供应商信息等详细数据,以便于后续预算编制的效率和准确性。

要注意与供应商进行有效的沟通和谈判,争取更合理的价格和更好的服务。

要根据施工组织设计方案和实际情况进行综合考虑,确定合理的设备购买方式和单价等。

三、编制设备费用预算

在安装工程预算中,编制设备费用预算是非常重要的一部分。下面将详细介绍如何编制设备费用预算。

(一)确定设备购置费

设备购置费是指购买设备所需的费用。在编制设备费用预算时,需要先确定设备购置费。设备购置费包括设备原价、运杂费、运输保险费等。

设备原价：根据设备制造厂家或经销商的报价，可以确定设备原价。需要注意的是，不同品牌和型号的设备的价格差异较大，需要进行比较和分析。

运杂费：运杂费是指设备从制造厂家或经销商所在地到施工现场的运费、装卸费等。需要根据实际情况进行计算，并注意不同运输方式的费用差异。

运输保险费：需要根据设备的价值和使用要求等因素，确定合理的运输保险费。

在确定设备购置费时，需要注意以下几点。

要根据实际情况进行计算，并注意市场价格波动对设备购置费的影响。

要注意不同品牌和型号的设备的价格差异，并进行比较和分析。

要建立完善的价格数据库，记录每种设备的价格、供应商信息等详细数据，以便于后续预算编制的效率和准确性。

要注意与供应商进行有效的沟通和谈判，争取更合理的价格和更好的服务。

（二）确定设备安装费

设备安装费是指安装设备所需的费用。在编制设备费用预算时，需要先确定设备安装费。设备安装费包括人工费、材料费、机械使用费等。

人工费：人工费是指安装设备所需的人工费用。需要根据安装工程的实际情况和当地人工单价等因素，进行计算和确定。

材料费：材料费是指安装设备所需的材料费用。需要根据安装工程的实际情况和当地材料单价等因素，进行计算和确定。

机械使用费：机械使用费是指使用机械设备安装设备所需的费用。需要根据安装工程的实际情况和当地机械租赁单价等因素，进行计算和确定。

在确定设备安装费时，需要注意以下几点。

要根据安装工程的实际情况和当地人工、材料、机械租赁单价等因素进行综合考虑和分析，从而确定合理的设备安装费。

要注意不同品牌和型号的设备的安装费用差异，并进行比较和分析。

要建立完善的价格数据库，记录每种设备的安装费用、供应商信息等详细数据，以便于后续预算编制的效率和准确性。

要注意与供应商进行有效的沟通和谈判,争取更合理的价格和更好的服务。

(三)确定其他费用

除了设备购置费和设备安装费,还需要考虑其他相关费用,例如设备调试费、保修期内的维修费等。这些费用的数额需要根据实际情况进行计算和确定。

在确定其他费用时,需要注意以下几点。

要根据实际情况进行计算和确定,并注意市场价格波动和其他因素的影响。

要注意不同品牌和型号的设备的调试和维修费用差异,并进行比较和分析。

要建立完善的价格数据库,记录每种设备的调试和维修费用、供应商信息等详细数据,以便于后续预算编制的效率和准确性。

要注意与供应商进行有效的沟通和谈判,争取更合理的价格和更好的服务。

(四)汇总编制设备费用预算

在确定设备购置费、设备安装费和其他相关费用之后,需要进行汇总编制设备费用预算。需要考虑不同费用之间的关系和影响,以及整体预算平衡等因素。最后得出合理的设备费用预算结果。

第五节 安装工程预算中的其他费用编制

一、其他费用的组成和计算方法

在安装工程预算中,其他费用是一个重要的组成部分。这些费用项目包括设计费、监理费、保险费、税金、利润等。

(一)设计费

设计费是指为安装工程提供设计服务的费用。设计费通常按工程总造价的一定比例计算,根据不同的设计阶段和复杂程度有所差异。在编制安装工程预算时,需要根据工程实际情况和设计合同约定,确定合理的设计费。

计算方法:设计费=工程总造价×设计费率

其中,工程总造价是指设备购置费、设备安装费和其他相关费用的总和,设计费率根据不同的设计阶段和复杂程度有所差异,可以在合同中约定或在市场上查询合理的费率水平。

（二）监理费

监理费是指委托监理单位对安装工程进行监督管理的费用。监理费通常按工程总造价的一定比例计算，根据不同的监理范围和复杂程度有所差异。在编制安装工程预算时，需要根据工程实际情况和监理合同约定，确定合理的监理费。

计算方法：监理费=工程总造价×监理费率

其中，工程总造价是指设备购置费、设备安装费和其他相关费用的总和，监理费率根据不同的监理范围和复杂程度有所差异，可以在合同中约定或在市场上查询合理的费率水平。

（三）保险费

保险费是指为安装工程购买保险所需的费用。在编制安装工程预算时，需要考虑工程保险、责任保险、财产保险等费用。保险费的计算方法根据不同的保险种类和保险公司有所差异，需要参照保险合同和市场价格进行计算。

计算方法：保险费=保险金额×保险费率+附加费用

其中，保险金额是指投保的财产价值或保障金额，保险费率是根据不同保险种类和风险水平而定的费率，附加费用包括税金、代理手续费等。

（四）税金

税金是指为安装工程支付的各项税款。在编制安装工程预算时，需要考虑增值税、城市建设维护税、教育附加税等税种。税金的计算方法根据不同的税种和政策有所差异，需要根据当地税收政策和市场价格进行计算。

计算方法：税金=含税总价×税率

其中，含税总价是指设备购置费、设备安装费和其他相关费用的总和，税率是根据不同税种而定的税率水平，可以在当地税收政策中查询和确定。

（五）利润

利润是指安装工程实现的盈利。在编制安装工程预算时，需要考虑工程的成本和收益情况，以确定合理的利润水平。利润的计算方法可以根据合同约定或市场行情进行确定，通常以工程总造价的一定比例表示。

计算方法：利润=工程总造价×利润率

其中，工程总造价是指设备购置费、设备安装费和其他相关费用的总和，利润率根据市场行情和合同约定而定的利润率水平。

（六）其他费用

除了上述费用，安装工程预算中还包括其他一些费用，例如临时设施费、场地准备费、青苗补偿费等。这些费用的计算方法根据实际情况和合同约定有所差异，需要根据具体情况进行计算和确定。

二、编制其他费用预算

在安装工程预算中，其他费用预算的编制是整个预算过程中不可或缺的一部分。下面将详细介绍如何编制安装工程预算中的其他费用预算。

（一）了解工程概况和预算构成

在编制其他费用预算之前，需要充分了解安装工程的概况，包括工程规模、建设内容、建设标准、施工工艺等方面。同时，需要了解安装工程预算的构成，包括设备购置费、设备安装费、其他费用等部分，以便合理分配预算金额。

（二）收集相关资料和信息

在编制其他费用预算之前，需要收集相关的资料和信息，包括工程设计资料、工程量清单、设备材料价格信息、市场行情等。同时，需要与建设单位、设计单位、监理单位等相关方面进行沟通，了解相关费用标准和要求。

（三）分析工程量和费用构成

在收集相关资料和信息之后，需要对工程量和费用构成进行分析。对于设计费、监理费、保险费等按比例计算的费用，需要分析工程总造价和各分项工程的造价构成，以便确定合理的费用比例。对于税金等按政策计算的费用，需要了解相关税收政策和规定。

（四）编制其他费用预算表

根据分析结果和相关资料，可以编制其他费用预算表。预算表应该包括各项费用的名称、计算方法、取费标准、金额等，以便清晰地反映各项费用的具体情况。在编制预算表时，需要注意以下几点。

合理确定各项费用的计算方法：对于按比例计算的费用，需要根据工程总造价和各分项工程的造价构成确定合理的比例；对于按政策计算的费用，需要根据相关税收政策和规定计算税金等费用。

准确填写各项费用的取费标准：在填写各项费用的取费标准时，需要结合工程实际情况和市场行情进行确定。例如在设计费的计算中，需要根据设计阶段和复杂程度确定合理的费率；在监理费的计算中，需要根据监理范围和复杂程度确定合理的费率。

全面考虑各项费用的影响因素：在编制其他费用预算时，需要考虑各项费用的影响因素，如人工费、材料费、机械使用费等。这些因素可能受到市场价格波动、政策调整等因素的影响，需要及时掌握相关信息并调整预算金额。

合理安排各项费用的优先次序：在编制其他费用预算时，需要根据实际情况合理安排各项费用的优先次序。例如，对于一些重要的工程项目，可能需要优先考虑保障安全和质量的投入；对于一些简单的工程项目，可能需要优先考虑控制成本和进度的投入。

（五）审核和调整其他费用预算

在编制完其他费用预算之后，需要进行审核和调整。审核主要包括检查计算方法和取费标准的合理性、各项费用的完整性和准确性等方面。如果发现不合理或遗漏的地方，需要及时进行调整和完善。同时，还需要根据实际情况和市场变化及时更新预算数据，以保证预算的准确性和合理性。

（六）总结和归档其他费用预算

在审核和调整其他费用预算之后，需要进行总结和归档。总结主要包括对整个预算过程的总结和对未来类似工程的参考经验等方面；归档主要包括将预算结果和相关资料进行整理和保存，以便后续查阅和使用。

第五章 市政工程预算编制

第一节 市政工程预算编制的准备工作

一、了解市政工程的基本情况

市政工程预算编制的准备工作是整个预算过程中至关重要的一步，其中最基础也是最关键的环节之一就是了解市政工程的基本情况。以下是关于了解市政工程基本情况的一些细节和注意事项。

（一）明确市政工程的基本概念和范围

市政工程是指由政府投资兴建的城市基础设施项目，包括道路、桥梁、隧道、给排水、照明、绿化等多个方面。了解市政工程的基本概念和范围是编制预算的首要任务，需要明确工程项目的建设内容、建设标准、施工工艺等方面的具体要求。

（二）收集相关资料和信息

在了解市政工程基本情况的基础上，需要收集相关的资料和信息，包括工程设计资料、地质勘察报告、施工图纸、工程量清单等。此外，还需要了解当地的政策法规、税收政策、原材料市场价格等信息，以便准确编制预算。

（三）分析工程量和费用构成

在收集相关资料和信息之后，需要对工程量和费用构成进行分析。这包括对各项工程的工程量进行核实，对各项费用的构成进行详细了解，以便确定合理的预算金额。在分析工程量和费用构成时，还需要注意以下几点。

准确核实工程量：工程量是编制预算的基础数据之一，需要结合施工图纸和工程量清单进行核实，确保数据的准确性和完整性。

详细了解各项费用的构成：在了解各项费用的构成时，需要结合当地的政策法规、税收政策、原材料市场价格等信息，以便确定合理的预算金额。

注意各项费用的关联性：各项费用之间存在一定的关联性，例如原材料价格的波动可能会影响施工成本和设备购置成本等。因此，在分析工程量和费用构成时，需要注意各项费用的关联性。

（四）确定预算编制方法和标准

在分析工程量和费用构成的基础上，需要确定预算编制方法和标准。这包括选择合适的预算编制方法，如定额法、清单法等，以及确定相应的取费标准和计算方法。在确定预算编制方法和标准时，需要注意以下几点。

结合实际情况选择合适的预算编制方法：不同的工程项目和建设阶段需要采用不同的预算编制方法。在选择时需要结合实际情况，例如建设规模、施工工艺、材料价格等因素进行综合考虑。

合理确定取费标准和计算方法：取费标准和计算方法是预算编制的重要依据之一。在确定时需要结合当地的政策法规、税收政策、原材料市场价格等信息进行综合考虑，确保取费标准和计算方法的合理性和准确性。

注意各项费用的适用范围和局限性：不同的预算编制方法和标准有不同的适用范围和局限性。在选择时需要注意各项费用的适用范围和局限性，以便准确编制预算。

（五）总结和归档市政工程基本情况资料

在确定预算编制方法和标准之后，需要对市政工程基本情况资料进行总结和归档。这包括整理和保存相关的工程设计资料、地质勘察报告、施工图纸、工程量清单等信息，以便后续查阅和使用。同时，还需要对整个了解市政工程基本情况的过程进行总结和评估，以便提高预算编制的质量和效率。

二、收集相关资料和信息

市政工程预算编制的准备工作是整个预算过程中至关重要的一步，其中收集相关资料和信息是其中一项关键环节。以下是关于收集相关资料和信息的一些细节和注意事项。

(一)收集工程设计资料

工程设计资料是市政工程预算编制的基础之一,包括工程设计图纸、设计说明、工程量清单等。这些资料包含了工程建设的具体内容、施工工艺、材料用量等方面的信息,是编制预算的基本依据。在收集工程设计资料时,需要注意以下几点。

确保资料的完整性和准确性:需要收集完整的工程设计资料,包括工程设计图纸、设计说明、工程量清单等,同时要确保这些资料的准确性和完整性,避免出现误差和遗漏。

注意资料的有效期:工程设计资料的有效期可能会影响预算编制的准确性。如果工程设计资料已经过期,需要及时更新或重新设计,以确保预算编制的准确性。

了解工程设计资料的细节:在收集工程设计资料时,需要了解工程设计的细节,例如施工工艺、材料用量、设备规格等,以便准确计算各项工程的工程量和费用。

(二)收集地质勘察报告

地质勘察报告是市政工程预算编制的重要依据之一,它包含了工程所在地区的地质条件、水文地质条件、地下水位等信息,对于确定施工方案和计算工程量具有重要意义。在收集地质勘察报告时,需要注意以下几点。

确保报告的准确性和完整性:需要收集完整的地质勘察报告,同时要确保这些报告的准确性和完整性,以便准确计算各项工程的工程量和费用。

注意报告的有效期:地质勘察报告的有效期可能会影响预算编制的准确性。如果地质勘察报告已经过期,需要及时更新或重新勘察,以确保预算编制的准确性。

了解地质勘察报告的细节:在收集地质勘察报告时,需要了解地质勘察的细节,例如地质条件、水文地质条件、地下水位等,以便确定施工方案和计算工程量。

(三)收集施工图纸

施工图纸是市政工程预算编制的重要依据之一,它包含了工程施工的具体细节、施工工艺、材料用量等方面的信息，是编制预算的基本依据。在收集施工图纸时，需要注意以下几点。

确保图纸的完整性和准确性：需要收集完整的施工图纸，同时要确保这些图纸的准确性和完整性，以便准确计算各项工程的工程量和费用。

注意图纸的有效期：施工图纸的有效期可能会影响预算编制的准确性。如果施工图纸已经过期，需要及时更新或重新设计，以确保预算编制的准确性。

了解施工图纸的细节：在收集施工图纸时，需要了解施工图纸的细节，例如施工工艺、材料用量、设备规格等，以便确定施工方案和计算工程量。

（四）收集工程量清单

工程量清单是市政工程预算编制的基础数据之一，它包含了各项工程的工程量、工作内容、计量单位等信息，是编制预算的基本依据。在收集工程量清单时，需要注意以下几点。

确保清单的完整性和准确性：需要收集完整的工程量清单，同时要确保这些清单的准确性和完整性，以便准确计算各项工程的工程量和费用。

注意清单的有效期：工程量清单的有效期可能会影响预算编制的准确性。如果工程量清单已经过期，需要及时更新或重新核算，以确保预算编制的准确性。

了解工程量清单的细节：在收集工程量清单时，需要了解各项工作的内容、计量单位等细节信息，以便准确计算各项工程的工程量和费用。

三、确定编制方法和依据

市政工程预算编制的准备工作是整个预算过程中至关重要的一步，其中确定编制方法和依据也是其中一项关键环节。

（一）确定编制方法

市政工程预算编制的方法可以根据具体情况选择，一般常用的方法有定额法、清单法、概算法等。在确定编制方法时，需要考虑以下因素。

工程规模和复杂程度：不同规模和复杂程度的工程需要采用不同的预算编制方法。例如，对于小型市政工程可以采用简单的定额法或清单法，而对于大型市政工程则需要采用更复杂的概算法等。

政策法规和标准：市政工程预算编制需要遵循当地的政策法规和标准，因此需要了解当地的相关规定和标准，并采用符合要求的编制方法。

历史数据和市场价格：市政工程预算编制需要参考历史数据和市场价格，因此需要收集相关的数据和信息，并采用合理的编制方法，以便准确计算各项工程的工程量和费用。

（二）选择合适的依据

市政工程预算编制的依据是各项标准和规范，包括定额、清单规范、设计图纸等。在选择合适的依据时，需要考虑以下因素。

定额和清单规范：定额和清单规范是市政工程预算编制的基本依据之一，需要选择合适的定额和清单规范，以便准确计算各项工程的工程量和费用。同时需要注意定额和清单规范的更新和变化情况。

设计图纸：设计图纸是市政工程预算编制的基础之一，需要选择合适的设计图纸作为编制依据，并了解设计图纸的细节和要求，以便准确计算各项工程的工程量和费用。

政策法规和标准：市政工程预算编制需要遵循当地的政策法规和标准，因此需要了解当地的相关规定和标准，并选择符合要求的依据，例如地方标准、行业规范等。

（三）注意事项

在确定市政工程预算编制的编制方法和依据时，需要注意以下几点。

遵循基本原则：市政工程预算编制需要遵循基本原则，例如完整性、准确性、科学性等。因此需要在编制过程中严格遵守相关规定和标准，确保预算的准确性和合理性。

注重细节和精度：市政工程预算编制需要注重细节和精度，对于每个工程量和费用都需要进行仔细的计算和分析，避免出现误差和遗漏。

及时更新和调整：市政工程预算编制的依据和方法不是一成不变的，需要及时关注相关政策法规和标准的更新和变化情况，并相应调整预算编制方法和依据。

强化沟通和协调：市政工程预算编制需要各方的参与和支持，包括业主、设计单位、施工单位等。因此需要加强沟通和协调工作,确保各方对预算编制方法和依据的理解和认可,以便更好地推进预算编制工作。

建立完善的档案管理制度:对于收集到的相关资料和信息需要建立完善的档案管理制度,以便后续查阅和使用。同时需要注意档案的安全性和保密性,避免出现信息泄露和损坏的情况。

四、建立预算定额和取费标准

市政工程预算编制的准备工作是整个预算过程中至关重要的一步,其中建立预算定额和取费标准也是其中一项关键环节。

(一)建立预算定额

预算定额是市政工程预算编制的基础之一,是计算工程量和费用的重要依据。建立预算定额需要考虑以下因素。

工程施工工艺和流程:预算定额需要根据工程施工工艺和流程进行制定,不同的施工工艺和流程需要采用不同的定额标准。

历史数据和市场价格:预算定额需要参考历史数据和市场价格,以便合理制定各项工程的定额标准。同时需要考虑市场价格的变化情况,及时调整定额标准。

政策法规和标准:预算定额需要遵循当地的政策法规和标准,因此需要了解当地的相关规定和标准,并制定符合要求的定额标准。

(二)制定取费标准

取费标准是市政工程预算编制中各项费用的计算基础,包括直接费、间接费、利润、税金等。制定取费标准需要考虑以下因素。

政策法规和标准:取费标准需要遵循当地的政策法规和标准,因此需要了解当地的相关规定和标准,并制定符合要求的取费标准。

企业管理和市场情况:取费标准需要根据企业的管理和市场情况进行制定,不同的企业管理和市场情况需要采用不同的取费标准。同时需要注意市场价格的变化情况,及时调整取费标准。

工程特点和实际情况:取费标准需要根据工程特点和实际情况进行制定,

不同的工程需要采用不同的取费标准。例如，对于一些特殊要求的市政工程，需要采用更高的取费标准。

（三）注意事项

在建立预算定额和取费标准时，需要注意以下几点。

合理性：预算定额和取费标准需要合理制定，不能过高或过低。过高会导致工程造价过高，过低则会影响企业利润和市场竞争力。因此需要进行充分的调查和分析，确保定额和标准的合理性和科学性。

更新和调整：预算定额和取费标准不是一成不变的，需要及时关注相关政策法规和标准的更新和变化情况，并相应调整定额和标准。同时需要根据市场价格的变化情况，及时调整取费标准。

统一性和规范性：预算定额和取费标准需要统一性和规范性，以便各方的理解和使用。因此需要在制定定额和标准时遵循统一的标准和规范，确保各工程之间的可比性和一致性。

可操作性：预算定额和取费标准需要具有可操作性，以便实际使用中的计算和管理。因此需要在制定定额和标准时考虑实际操作的需求和流程，确保计算的准确性和效率。

审核和批准：预算定额和取费标准需要经过审核和批准程序，以确保其合理性和合法性。因此需要组织专业人员对定额和标准进行审核和评估，并经过相关部门的批准和备案程序。

第二节　市政工程预算中的人工费用编制

一、人工费用的组成和计算方法

市政工程预算中的人工费用编制是整个预算过程中不可或缺的一环，它涉及市政工程建设的各个方面，包括道路建设、桥梁建设、管道铺设等。

（一）人工费用的组成

市政工程预算中的人工费用主要由以下几部分组成。

直接费用：包括基本工资、加班工资、津贴、奖金等与市政工程建设直接相关的费用。这些费用是市政工程建设中的人工成本的重要组成部分。

间接费用：包括社会保险费、公积金、福利费等与市政工程建设间接相关的费用。这些费用是与市政工程建设的人工成本相关的其他费用。

其他费用：包括培训费、招聘费等其他与市政工程建设相关的费用。这些费用虽然不是直接或间接的人工成本，但它们是与市政工程建设中的人工相关的费用。

（二）人工费用的计算方法

市政工程预算中的人工费用的计算方法通常采用以下几种方法。

经验估算法：经验估算法是根据过去的施工经验，对当前工程的用工量进行估算的方法。该方法主要适用于一些常规的、没有特殊技术要求的市政工程项目。其优点是简便易行，缺点是精度较低，容易受到人为因素的影响。

图纸计算法：图纸计算法是根据施工图纸计算出工程量，然后根据工程量计算出所需人工数量的方法。该方法主要适用于一些具有明确工程量的工程项目。其优点是精度较高，能够准确地计算出所需的人工数量，缺点是工作量较大，需要花费较多的时间和精力。

劳动定额法：劳动定额法是根据劳动定额和工程量的乘积计算出所需人工数量的方法。该方法主要适用于一些具有较高技术要求的工程项目。其优点是能够准确地计算出所需的人工数量，缺点是需要具备专业的定额知识和技能，且需要花费较多的时间和精力。

在计算人工费用时，还需要考虑以下几个方面。

人工效率：人工效率是指工人在单位时间内能够完成的工作量。在计算人工费用时，需要考虑工人的工作效率和生产能力，以便合理确定所需的人工数量和费用。

工资标准和支付方式：工资标准是指企业向员工支付的工资水平。在计算人工费用时，需要考虑当地的工资标准和支付方式，以便合理确定员工的工资水平和总的人工费用。

社会保险和公积金：在计算人工费用时，需要考虑员工的社会保险和公积金等福利费用。这些费用是与员工的人工成本相关的其他费用，需要按照当地的政策和标准进行计算。

其他相关费用：在计算人工费用时，还需要考虑其他与员工相关的费用，如培训费、招聘费等。这些费用虽然不是直接或间接的人工成本，但它们是与市政工程建设中的人工相关的费用。

（三）注意事项

在计算人工费用时，需要注意以下几点。

合理性：人工费用的计算需要合理确定所需的人工数量和费用水平。过高或过低的人工费用都会对整个工程的造价产生不利影响。因此需要进行充分的调查和分析，确保人工费用的合理性和科学性。

更新和调整：人工费用的计算需要随着市场变化和政策变化进行更新和调整。市场价格的变化和政策标准的调整都会对人工费用的计算产生影响。因此需要及时关注相关政策的更新和变化情况并相应调整人工费用的计算方法。同时需要根据市场价格的变化情况及时调整员工的工资水平和总的人工费用。

二、确定人工消耗量和单价

在编制人工费用时，需要确定人工消耗量和单价。

（一）确定人工消耗量

在市政工程预算中，确定人工消耗量是编制人工费用的重要环节之一。人工消耗量是指完成一定量的工程量所需的人工数量。通常，根据施工图纸和施工组织设计，可以计算出所需的人工数量。在计算人工消耗量时，需要考虑以下几点。

施工图纸和施工组织设计：根据施工图纸和施工组织设计，可以确定完成工程所需的工种、工艺流程和工程量。这些信息是计算人工消耗量的基础。

劳动定额：劳动定额是计算人工消耗量的重要依据。根据不同工种、不同工艺流程的劳动定额，可以计算出完成工程所需的工时数和人工数量。

实际情况：在计算人工消耗量时，需要考虑实际情况，如工人的技能水平、工作效率、生产能力等。这些因素会影响人工消耗量的准确性。

在确定人工消耗量时，需要注意以下几点。

准确性：人工消耗量的计算需要准确可靠。过高或过低的人工消耗量都会对整个工程的造价产生不利影响。因此需要进行充分的调查和分析，确保人工消耗量的准确性。

全面性：人工消耗量的计算需要全面考虑各种因素，包括施工图纸、施工组织设计、劳动定额、实际情况等。只有全面考虑各种因素，才能准确计算出所需的人工数量。

可比性：不同工程项目的施工条件、技术要求、人员素质等都有所不同，因此不同工程项目的人工消耗量不具备可比性。但是，在同一工程项目中，不同工种、不同工艺流程的人工消耗量是可以进行比较和分析的。

（二）确定人工单价

在市政工程预算中，确定人工单价是编制人工费用的另一个重要环节。人工单价是指完成一定量的工作所需的人工费用。通常，根据当地的工资标准和支付方式来确定人工单价。在确定人工单价时，需要考虑以下几点。

当地的工资标准和支付方式：当地的工资标准和支付方式是确定人工单价的重要依据。不同地区、不同行业的工资标准和支付方式都有所不同，因此需要根据当地的实际情况来确定人工单价。

不同工种的工资水平：不同工种的工资水平是不同的。在确定人工单价时，需要根据不同工种的工资水平来进行计算。例如，技术工种的工资水平相对较高，而普通工种的工资水平相对较低。

福利费用：福利费用是与员工的人工成本相关的其他费用。在确定人工单价时，需要考虑员工的福利费用，如社会保险费、公积金、福利费等。这些费用需要按照当地的政策和标准进行计算。

在确定人工单价时，需要注意以下几点。

合理性：人工单价的确定需要合理可靠。过高或过低的人工单价都会对整个工程的造价产生不利影响。因此需要进行充分的调查和分析，确保人工单价的合理性和科学性。

可比性：不同地区的工资标准和支付方式都有所不同，因此不同地区的人工单价不具备可比性。但是，在同一地区中，不同工种的人工单价是可以进行比较和分析的。这有助于企业在进行工程预算时进行合理的价格比较和选择合适的施工单位。

三、编制人工费用预算

在编制人工费用时，需要确定人工消耗量和单价。

（一）编制人工费用预算的必要性

1.市政工程建设的特点

市政工程建设具有以下特点。

施工地点固定：市政工程建设的地点是固定的，不同于工业生产中的流水线作业。

工程量大、投资额高：市政工程建设需要大量的资金投入，建设周期长，对城市的发展和居民的生活影响较大。

涉及面广：市政工程建设涉及城市规划、环境保护、交通管理等多个方面，需要与多个部门进行协调和配合。

质量要求高：市政工程建设的质量要求较高，需要满足相关的规范和标准。

2.编制人工费用预算的作用

编制人工费用预算在市政工程建设中具有以下作用。

合理控制工程造价：人工费用是市政工程建设中的重要组成部分，通过编制人工费用预算，可以合理控制工程造价，确保工程建设的投资效益。

协调各方面的工作：编制人工费用预算需要与多个部门进行协调和配合，包括设计单位、施工单位、监理单位等，可以促进各方面工作的协调和配合。

指导施工管理：通过编制人工费用预算，可以指导施工管理，确保施工过程中的各项人工费用合理分配和使用。

（二）编制人工费用预算的步骤和方法

1.收集相关资料和信息

在编制人工费用预算前，需要收集相关的资料和信息，包括工程量清单、施工图纸、施工组织设计、劳动定额等。这些资料和信息是编制人工费用预算的基础。

2.分析工程量和单价

根据收集的资料和信息，对工程量和单价进行分析。对于市政工程建设来说，工程量通常是根据施工图纸来确定的，而单价则是根据当地的工资标准、支付方式以及其他相关费用来确定的。通过对工程量和单价进行分析，可以初步确定人工费用的总额。

3.编制人工费用预算表

根据分析结果，编制人工费用预算表。预算表中应包括以下内容：人工消耗量、单价、总价、支付方式等。对于不同工种和工艺流程的人工费用，需要进行分类和汇总，确保人工费用的合理分配和使用。

4.审核和调整预算

在编制完人工费用预算后，需要进行审核和调整。审核的内容包括预算的完整性、准确性和合理性。对于审核中发现的问题，需要进行调整和完善，确保人工费用预算的准确性和科学性。

5.执行预算并监督执行情况

在审核和调整预算后，开始执行预算并监督执行情况。在执行过程中，需要对各项人工费用的使用情况进行监督和管理，确保人工费用的合理分配和使用。同时，对于执行中出现的问题，需要及时进行调整和处理，确保整个工程的顺利进行。

（三）编制人工费用预算的注意事项

1.关注政策变化和市场动态

政策变化和市场动态对人工费用的编制会产生一定的影响。因此，在编制人工费用预算时，需要关注政策变化和市场动态，及时进行调整和处理。

2.加强沟通和协调

编制人工费用预算需要与多个部门进行沟通和协调，包括设计单位、施工单位、监理单位等。因此，在编制过程中，需要加强沟通和协调，确保各项信息的准确性和一致性。

第三节　市政工程预算中的材料费用编制

一、材料费用的组成和计算方法

市政工程预算中的材料费用是整个预算中非常重要的一部分，它直接关系到市政工程建设的成本和质量。材料费用的组成和计算方法对于预算的准确性和合理性具有重要意义。

（一）材料费用的组成

市政工程预算中的材料费用主要由以下几部分组成。

材料原价：即材料本身的购价，包括材料供应商的出厂价、市场采购价等。

运杂费：包括材料的运输费、装卸费、保险费等。

运输损耗费：指在运输过程中材料的损耗费用。

采购及保管费：包括材料的采购费、仓库保管费等。

其他费用：包括材料检验试验费、材料二次搬运费等其他与材料有关的费用。

（二）材料费用的计算方法

市政工程预算中材料费用的计算方法通常采用以下几种方法。

1.按设计图纸计算材料用量

根据设计图纸计算出所需材料的数量，再根据材料单价计算出材料费用。这种方法比较简单，但需要注意的是，设计图纸可能存在误差，因此需要结合实际情况进行修正。

2.按定额消耗量计算材料费用

根据定额消耗量计算出所需材料的数量，再根据材料单价计算出材料费用。这种方法需要考虑材料的损耗率，一般采用定额损耗率进行计算。

3.按实际用量计算材料费用

根据实际用量计算出所需材料的数量，再根据材料单价计算出材料费用。这种方法比较准确，但需要注意的是，实际用量可能与设计用量存在差异，因此需要进行合理的调整。

（三）注意事项

在计算市政工程预算中的材料费用时，需要注意以下几点。

材料费用的组成要全面，不能遗漏任何一项费用。

材料用量的计算要准确，不能随意增加或减少。

材料单价的确定要合理，不能高于市场价格或低于成本价。

对于特殊材料或新型材料，需要进行市场调查和询价，以确保价格的合理性。

在计算材料费用时，需要考虑材料的运输和保管费用，以确保费用的准确性。

对于需要二次加工的材料，需要考虑到加工费用和损耗费用等影响因素。

在确定材料用量和单价时，需要考虑工程所在地的市场情况和政策规定等因素。

对于一些需要进口的材料，需要考虑汇率变化和关税等因素对材料费用的影响。

在进行预算编制时，需要与设计单位、施工单位、监理单位等各方进行沟通和协调，以确保预算的准确性和合理性。

在进行预算编制时，需要参考历史数据和市场信息等资料，以制定更加科学的预算方案。

二、确定材料消耗量和单价

市政工程预算中的材料消耗量和单价的确定是整个预算过程中非常重要的一环，它直接关系到市政工程建设的成本和质量。

（一）确定材料消耗量

材料消耗量是指工程建设过程中所需要的材料数量。在确定材料消耗量时，需要考虑以下几个方面。

1.设计图纸和定额消耗量

设计图纸是市政工程建设的基础，定额消耗量是根据设计图纸和相关规范计算出来的。因此，可以根据设计图纸和定额消耗量计算出所需材料的数量。

2.实际用量

实际用量是在工程建设过程中实际使用的材料数量。在确定材料消耗量时，需要考虑到实际用量与设计用量之间的差异，并根据实际情况进行调整。

3.损耗率

材料在运输、保管和使用过程中会产生一定的损耗。因此，在确定材料消耗量时，需要考虑材料的损耗率，并根据实际情况进行调整。

（二）确定材料单价

材料单价是指购买材料所需的价格，包括原价、运杂费、运输损耗费、采购及保管费等。在确定材料单价时，需要考虑以下几个方面。

1.市场价格

市场价格是购买材料所需的价格，可以通过市场调查和询价等途径获得。在确定材料单价时，需要参考市场价格，并根据实际情况进行调整。

2.政策规定

政策规定是指当地政府对工程建设的相关规定和政策。在确定材料单价时，需要考虑到政策规定对材料价格的影响，并根据实际情况进行调整。

3.采购方式

采购方式是指购买材料的方式，包括集中采购、分散采购等。在确定材料单价时，需要考虑采购方式对材料价格的影响，并根据实际情况进行调整。

（三）注意事项

在确定市政工程预算中的材料消耗量和单价时，需要注意以下几点。

材料消耗量和单价的确定要全面考虑各种因素，包括设计图纸、定额消耗量、实际用量、市场价格、政策规定和采购方式等。

材料消耗量和单价的确定要准确可靠，不能随意增加或减少。

材料消耗量和单价的确定要与当地的实际情况相结合，不能脱离实际。

在进行预算编制时，需要与设计单位、施工单位、监理单位等各方进行沟通和协调，以确保预算的准确性和合理性。

在进行预算编制时，需要参考历史数据和市场信息等资料，以制定更加科学的预算方案。

在进行预算编制时，需要注意细节问题。例如对不同种类、品牌、规格的材料进行分类和汇总；对材料的运输和保管费用进行合理分摊；对需要二次加工的材料进行加工费用和损耗费用的计算等。这些细节问题的处理直接影响着预算的准确性和合理性。

在确定材料消耗量和单价时还需要考虑到一些特殊情况。例如某些特殊材料或新型材料的采购价格可能存在较大的波动；某些材料的运输和保管费用可能较高；某些材料的损耗率可能较高等。这些情况都需要在进行预算编制时进行特别考虑和处理。

在进行预算编制时还需要注意对市场价格信息的收集和分析。市场价格信息是制定合理预算的重要依据之一。通过对市场价格信息的收集和分析，可以及时掌握市场动态和价格走势，从而制定更加科学合理的预算方案。同时也可以及时发现和解决可能出现的问题，避免因市场变化而造成的不必要的损失。

三、编制材料费用预算

市政工程预算中的编制材料费用预算是整个预算过程中非常重要的一环，它直接关系到市政工程建设的成本和质量。下面将详细说明如何编制材料费用预算。

（一）收集材料价格信息

在编制材料费用预算之前，需要收集相关的材料价格信息。这些信息可以从以下途径获得。

1.当地市场价格信息

可以到当地的市场上了解各种材料的价格，包括不同品牌、规格、型号的材料价格，以及同一材料在不同供应商处的价格信息。这些信息对于制定合理的材料费用预算非常重要。

2.网络查询

可以通过互联网查询各种材料的价格信息，包括不同地区、不同供应商的材料价格，以及同一材料在不同时间段的价格信息。这些信息可以帮助制定更加全面的材料费用预算。

3.供应商报价

可以向供应商询价，了解各种材料的最新价格信息。这些信息可以帮助制定更加及时、准确的材料费用预算。

(二)分析材料价格波动趋势

在编制材料费用预算时，需要分析材料价格的波动趋势。这可以通过以下途径实现。

1.历史价格数据分析

可以收集历史上的材料价格数据，并进行分析。这可以帮助了解材料价格的长期趋势和短期波动情况，从而制定更加合理的材料费用预算。

2.市场趋势分析

可以通过市场趋势分析，了解市场对各种材料的需求情况、供应情况以及政策因素等对材料价格的影响，从而制定更加合理的材料费用预算。

(三)编制材料费用预算

在收集和分析材料价格信息、分析材料价格波动趋势的基础上，可以开始编制材料费用预算。以下是编制材料费用预算的步骤。

1.确定材料种类和数量

根据工程设计和施工需要，确定所需材料的种类和数量。这可以通过参考设计图纸和定额消耗量等方法实现。

2.计算材料费用总额

根据确定的材料种类和数量，以及收集到的材料价格信息，可以计算出材料费用的总额。同时需要注意不同品牌、规格、型号的材料价格差异对总费用的影响。

3.分解材料费用预算

为了更好地管理和控制材料费用，可以将材料费用预算分解为不同的组成部分。例如可以按照主要材料、辅助材料、零星材料等分类进行分解；也可以按照不同的施工阶段进行分解。这样可以更加清晰地了解每个阶段或每个部分的材料费用情况。

4.制订材料采购计划

根据施工进度和所需材料的种类、数量和质量要求，制订合理的材料采购计划。同时需要注意不同材料的采购周期、运输方式、验收标准等对采购计划的影响。合理的采购计划可以保证施工进度和质量的同时降低成本。

5.制定其他相关费用预算

除了材料费用之外还需要考虑其他相关费用例如运输费、装卸费、仓储费、损耗费等这些费用也需要根据实际情况进行预算和控制。这些费用的预算也可以通过参考历史数据和市场信息等方法实现。

第四节 市政工程预算中的设备费用编制

一、设备费用的组成和计算方法

市政工程预算中的设备费用主要包括工程所需的机械设备、电气设备、仪器仪表、管道设备等，这些设备的购置、运输、安装、调试等费用构成了设备费用。

（一）设备费用的组成

1.设备购置费

设备购置费是指购买设备所需支付的费用，包括设备原价、运杂费、运输保险费等。对于一些大型设备，如变压器、发电机组等，还需要考虑设备安装调试费。

2.设备运输费

设备运输费是指将设备从供应商运输到施工现场所需的费用，包括运输费、装卸费、仓储费等。对于一些大型设备，还需要考虑特殊运输和装卸措施的费用。

3.设备安装费

设备安装费是指将设备安装到指定位置所需的费用，包括安装工人工资、安装材料费、机械使用费等。对于一些需要特殊安装的设备，如电梯、压力容器等，还需要考虑特殊安装措施的费用。

4.设备调试费

设备调试费是指对设备进行调试和试运行所需的费用，包括调试工人工资、调试材料费、试运行费用等。对于一些高精度设备，如仪表、传感器等，还需要考虑设备校准和检测的费用。

（二）设备费用的计算方法

1.预算单价法

预算单价法是根据设备种类、规格、型号等参数，查阅相关定额或参考类似工程设备费用进行计算的方法。该方法主要适用于可以套用定额或类似工程的设备费用计算。具体计算公式为：设备费用=设备数量×单价+其他费用，其中，其他费用包括运杂费、运输保险费、装卸费、仓储费等。

2.类似工程比较法

类似工程比较法是通过比较类似工程项目的设备费用进行计算的方法。该方法主要适用于没有可套用定额或类似工程的设备费用计算。具体计算公式为：设备费用=类似工程设备费用×调整系数，其中，调整系数是根据新工程与类似工程之间的差异进行适当调整的系数。

3.估价法

估价法是根据设备的规格、型号、参数等信息，结合市场价格信息和经验进行估算的方法。该方法主要适用于无法套用定额或类似工程的设备费用计算，或者是时间紧迫需要快速估算的情况下使用。具体计算公式为：设备费用≈设备的规格、型号、参数等信息结合市场价格信息和经验估算+其他费用，其中，其他费用包括运杂费、运输保险费、装卸费、仓储费等。

4.经验法

经验法是根据以往类似工程的实际经验进行估算的方法。该方法主要适用于无法套用定额或类似工程的设备费用计算，或者是时间紧迫需要快速估算的情况下使用。具体计算公式为：设备费用≈以往类似工程的实际经验估算+其他费用，其中，其他费用包括运杂费、运输保险费、装卸费、仓储费等。

（三）注意事项

在计算设备费用时需要考虑设备的种类、规格、型号等参数以及市场价格信息的变动情况。

对于一些大型设备和特殊设备需要考虑设备的运输和安装调试措施的费用。

在比较不同方案时需要考虑设备的购置费和其他费用的差异对整个工程成本的影响。

二、确定设备消耗量和单价

在市政工程预算中，确定设备消耗量和单价是至关重要的环节。这不仅关系到整个工程的成本，也直接影响到工程质量、进度和效益。

（一）确定设备消耗量

设备消耗量是指在工程建设过程中所需要的设备数量、型号和规格等。在确定设备消耗量时，需要考虑以下因素。

1.工程规模和施工方案

工程规模和施工方案是确定设备消耗量的重要因素。不同的工程规模和施工方案需要的设备种类、型号和规格也不同。因此，在制定工程预算时，需要结合工程实际情况，选择合适的施工方案，并确定所需的设备种类、型号和规格。

2.类似工程经验

类似工程经验是指以往类似工程的实际消耗量。通过参考类似工程经验，可以初步估算本工程的设备消耗量。需要注意的是，类似工程经验仅可作为参考，实际设备消耗量还需结合本工程的实际情况进行调整。

3.行业标准和定额

行业标准和定额是确定设备消耗量的重要依据。通过查阅相关行业标准和定额，可以了解各种设备的使用寿命、维修周期等信息，并据此估算本工程的设备消耗量。

（二）确定设备单价

设备单价是指购买设备所需支付的单价。在确定设备单价时，需要考虑以下因素。

1.市场价格信息

市场价格信息是指设备在市场上的价格水平。通过查阅相关市场价格信息，可以了解设备的价格趋势以及当前市场价格水平。这些信息有助于估算合理的设备单价。

2.供应商报价

供应商报价是指设备供应商提供的设备单价。通过与多家供应商进行询价和比价，可以了解不同供应商的报价差异以及价格谈判的余地。这些信息有助于在预算中确定合理的设备单价。

3.历史采购合同价格

历史采购合同价格是指以往采购同类设备的合同价格。通过查阅历史采购合同价格，可以了解以往采购设备的实际成本，并据此估算本工程设备的合理单价。

4.预算定额和类似工程经验

预算定额和类似工程经验也是确定设备单价的重要依据。通过查阅相关预算定额和类似工程经验，可以了解类似设备的市场价格水平和合理利润率等信息，并据此估算本工程设备的合理单价。

（三）注意事项

在确定设备消耗量和单价时，应充分了解市场价格信息和相关行业标准，并进行多方询价和比价，以确保数据的准确性和合理性。

在进行预算编制时，应结合工程的实际情况和施工方案，合理调整设备消耗量和单价，以确保预算的可行性。

在与供应商进行价格谈判时，应充分了解市场行情和供应商的实际情况，争取达成最优惠的价格协议，以降低工程成本。

在进行预算编制时，还应考虑一定的风险因素，如市场价格波动、工程变更等，以应对可能出现的意外情况。

在确定设备消耗量和单价后，应进行严格的审核和审批程序，确保数据的准确性和合理性，为整个工程的顺利实施提供有力保障。

三、编制设备费用预算

市政工程预算中的编制设备费用预算是整个工程预算的重要组成部分。设备费用预算的编制涉及设备的采购、运输、安装、调试等多个环节，因此需要认真分析并确定各项费用。

（一）确定设备采购费用

在编制设备费用预算时，首先需要确定设备采购费用。一般来说，设备采购费用包括设备价格、运输费用、保险费用、税费等。在确定设备采购费用时，需要注意以下几点。

充分了解市场行情：在编制设备费用预算前，需要对设备市场进行充分的调查和分析，了解各种设备的价格水平、品牌、质量等信息，以确保采购费用的合理性和准确性。

考虑设备的性能和品质：在确定设备采购费用时，需要考虑设备的性能和品质。一般来说，高性能、高品质的设备价格较高，因此在预算编制时需要合理平衡设备的性能和价格。

考虑运输和安装费用：在确定设备采购费用时，需要考虑设备的运输和安装费用。特别是对于一些大型设备，运输和安装费用可能占据了设备总费用的较大比例。因此，需要在预算中合理考虑这些费用。

（二）确定设备安装调试费用

在编制设备费用预算时，需要认真分析设备的安装调试要求，并确定合理的安装调试费用。需要注意以下几点。

了解设备的安装调试要求：在编制设备费用预算前，需要认真了解设备的安装调试要求，包括设备的尺寸、重量、安装位置、调试步骤等信息，以确保安装调试费用的合理性和准确性。

考虑安装调试的人工和材料费用：在确定设备安装调试费用时，需要考虑人工和材料费用。人工费用包括安装工人的工资、社会保险等支出；材料费用包括安装过程中所需的辅助材料、工具等支出。

考虑风险因素：在确定设备安装调试费用时，需要考虑风险因素。例如，某些设备的安装调试过程可能比较复杂，需要采取额外的安全措施或者技术手段，这些费用需要在预算中加以考虑。

（三）参考类似工程经验

在编制设备费用预算时，可以参考类似工程经验，初步估算本工程的设备消耗量和单价。需要注意以下几点。

选择合适的类似工程：在选择类似工程时，需要选择与本工程实际情况较为接近的工程。例如，工程地点、规模、施工条件等要素需要与本工程相似，以确保类似工程经验的可参考性。

调整数据差异：由于不同工程的实际情况存在差异，因此需要根据本工程的实际情况对类似工程数据进行调整。例如，需要考虑不同设备的价格水平、品牌、质量等因素对数据的影响。

结合实际情况进行分析：在参考类似工程经验时，需要结合实际情况进行分析。例如，需要考虑本工程的特殊要求、地质条件等因素对设备消耗量和单价的影响。

（四）注意事项

在编制设备费用预算时，需要充分了解市场行情和类似工程经验等信息，并进行多方比较和分析，以确保数据的准确性和合理性。

在确定各项费用时，需要结合实际情况进行认真分析和计算，以确保预算的可行性。

在进行预算编制时，还需要考虑一定的风险因素和不可预见费用等支出，以应对可能出现的意外情况。

最后，需要对编制的设备费用预算进行严格的审核和审批程序，以确保数据的准确性和合理性为整个工程的顺利实施提供有力保障。

第五节　市政工程预算中的其他费用编制

一、其他费用的组成和计算方法

市政工程预算中的其他费用是指除了直接工程费用（设备费用、人工费用、材料费用等）之外的其他相关费用。这些费用虽然不是直接发生在工程实体建设过程中的支出，但却是工程顺利实施和运营所必需的。

（一）临时设施费

临时设施费是指为满足工程施工现场的需要，在施工周期内设置的临时设施和相关维护费用。主要包括临时设施的搭建、维修、拆除等费用。临时设施费可按照工程的规模、施工周期等因素进行估算，也可以根据实际情况进行详细计算。

（二）工程保险费

工程保险费是指为保障工程安全和顺利进行而购买的相关保险的费用。主要包括工程一切险、安装工程一切险、雇主责任险等。工程保险费可按照保险种类、工程规模、施工周期等因素进行估算，也可以根据实际情况进行详细计算。

（三）工程管理费

工程管理费是指为保障工程顺利进行而发生的工程管理方面的费用。主要包括工程项目管理人员的工资、社会保险、办公费用等。工程管理费可按照工程规模、施工周期等因素进行估算，也可以根据实际情况进行详细计算。

（四）其他相关费用

其他相关费用是指除了上述费用之外的其他与工程相关的费用。主要包括工程设计费、工程监理费、工程审计费、工程招标费等。其他相关费用可以根据实际情况进行详细计算。

（五）注意事项

在计算其他费用时，需要充分了解各项费用的性质和用途，以确保费用的合理性和准确性。

在进行费用估算时，需要结合实际情况进行认真分析和计算，以确保预算的可行性。

在进行预算编制时，还需要考虑一定的风险因素和不可预见费用等支出，以应对可能出现的意外情况。

最后，需要对编制的其他费用预算进行严格的审核和审批程序，以确保数据的准确性和合理性为整个工程的顺利实施提供有力保障。

（六）市政工程预算中的其他费用的综合分析和控制

在市政工程预算中，其他费用的综合分析和控制同样重要。以下是一些关键点。

综合性分析：对于每一项其他费用，应结合该费用的性质、用途、发生时间等进行综合性分析，以确定其是否符合整个工程的需要和预算。例如，对于临时设施费，需要根据施工计划和实际需要来决定其规模和类型，避免过度投入或不足。

对比分析：与其他类似工程或近期工程对比分析，可以更好地掌握各项费用的合理性和必要性。通过对比，可以发现某些费用是否存在过高或不合理的情况，从而进行相应的调整。

风险控制：考虑到市政工程的复杂性和不确定性，需要对其他费用进行风险控制。例如，针对可能出现的意外情况或不可预见事件，预留一定的不可预见费用，以减轻因突发事件带来的经济压力。

执行过程中的控制：在工程实施过程中，需要对其他费用的实际支出情况进行实时监控和分析，确保其不超出预算。对于超出预算的费用，应进行深入分析并采取相应措施进行调整。

反馈与总结：在工程竣工后，对其他费用的使用情况进行反馈与总结，以便在今后的工程预算中更好地进行预测和控制。通过对实际支出与预算的对比分析，可以发现存在的问题和不足之处，从而不断完善和提高预算管理水平。

二、编制其他费用预算

市政工程预算中的编制其他费用预算是整个工程预算的重要组成部分，主要包括临时设施费、工程保险费、工程管理费和其他相关费用。

（一）明确各项费用的性质和用途

在编制其他费用预算之前，需要明确各项费用的性质和用途。例如，临时设施费是为满足工程施工现场的需要而设置的临时设施和相关维护费用；工程保险费是为了保障工程安全和顺利进行而购买的保险费用；工程管理费是为了保障工程顺利进行而发生的工程管理方面的费用。只有明确了各项费用的性质和用途，才能确保费用的合理性和准确性。

（二）收集相关资料和数据

在编制其他费用预算时，需要收集相关的资料和数据。例如，工程量清单、施工图纸、合同文件、市场价格信息等。这些资料和数据可以帮助预算编制人员更好地了解工程实际情况和市场需求，为编制其他费用预算提供依据。

（三）进行详细计算和分析

在收集相关资料和数据之后，需要进行详细计算和分析。例如，对于临时设施费，需要根据施工计划和实际需要计算出临时设施的数量、规模、材料用量等，并分析各项费用支出的必要性。对于工程保险费，需要根据保险种类、保险金额、保险期限等因素计算出保险费用，并分析保险费用的合理性和必要性。对于工程管理费，需要根据工程规模、施工周期等因素计算出管理人员的数量、工资水平、办公费用等，并分析各项费用支出的必要性。

（四）考虑风险因素和不可预见费用

在编制其他费用预算时，还需要考虑风险因素和不可预见费用。例如，对于临时设施费，需要考虑自然灾害、人为破坏等因素造成的风险；对于工程保险费，需要考虑保险条款中的免赔额、免赔率等因素造成的风险；对于工程管理费，需要考虑人员素质、施工质量等因素造成的风险。同时还需要预留一定的不可预见费用，以应对可能出现的意外情况。

（五）进行预算编制和审核

在进行详细计算和分析之后，需要进行预算编制和审核。预算编制人员需要根据各项费用的性质和用途、相关资料和数据、风险因素和不可预见费用等因素进行综合分析和考虑，编制出其他费用预算。同时还需要进行严格的审核和审批程序，以确保数据的准确性和合理性。

（六）注意事项

在编制其他费用预算时，需要结合实际情况进行认真分析和计算，以确保费用的合理性和准确性。

需要根据各项费用的性质和用途等因素进行分类和汇总，避免出现重复计算或漏算的情况。

需要根据实际情况和市场变化及时调整和完善其他费用预算，以确保预算的可行性和准确性。

在进行预算审核和审批时，需要注重细节和数据的准确性，以确保整个工程的顺利实施提供有力保障。

第六章 工程成本控制技术与方法

第一节 工程成本估算方法

一、初步估算方法

工程成本估算方法是指在工程项目实施前,对项目所需成本进行预测和估算的方法。初步估算方法是一种常用的工程成本估算方法,它通常基于类似项目的历史数据和经验进行估算。以下是初步估算方法的步骤和注意事项。

（一）收集类似项目的历史数据

在进行初步估算前,需要收集类似项目的历史数据,包括项目规模、施工周期、材料和设备价格等信息。这些数据可以为企业提供参考,帮助企业了解类似项目的成本情况,为初步估算提供依据。

（二）确定工程成本构成

工程成本构成是初步估算的基础,包括直接成本和间接成本。直接成本包括材料、设备、人工等费用；间接成本包括管理费用、税费、保险等费用。在初步估算时,需要将工程成本构成进行分类和细化,以便更好地进行估算。

（三）选择合适的估算方法

根据收集的历史数据和工程成本构成,选择合适的估算方法进行初步估算。常用的估算方法包括以下几种。

1.单位估算法

单位估算法是根据类似项目的单位造价和工程量进行估算的方法。该方法需要先确定类似项目的单位造价和工程量,再根据拟建项目的规模和实际情况进行调整。单位估算法适用于工程量较小或无法准确计算工程量的项目。

2.参数估算法

参数估算法是根据类似项目的参数和系数进行估算的方法。该方法需要先确定类似项目的参数和系数，再根据拟建项目的实际情况进行调整。参数估算法适用于具有通用技术和标准化的工程项目。

3.类比估算法

类比估算法是根据类似项目的实际成本和类似经验进行估算的方法。该方法需要先了解类似项目的实际成本和类似经验，再根据拟建项目的实际情况进行调整。类比估算法适用于缺乏历史数据和无法准确计算工程量的项目。

（四）注意事项

在进行初步估算时，需要注意以下几点。

充分了解类似项目的实际情况和历史数据，以便更好地进行估算。

选择合适的估算方法，并根据拟建项目的实际情况进行调整。

考虑市场价格波动、施工周期等因素对工程成本的影响。

对无法准确计算工程量的项目进行风险评估，并预留一定的风险费用。

与其他部门和团队成员进行充分沟通和协作，确保估算结果的准确性和合理性。

在进行初步估算时，需要充分了解类似项目的实际情况和历史数据，选择合适的估算方法，并根据拟建项目的实际情况进行调整。同时需要注意市场价格波动、施工周期等因素对工程成本的影响，并预留一定的风险费用。通过初步估算方法的实施，可以为企业提供参考，帮助企业了解类似项目的成本情况，为后续的成本控制工作提供依据。

二、扩大估算方法

工程成本估算方法——扩大估算方法是一种常用的成本估算方法，它基于以往类似项目的历史成本数据，结合当前项目的实际情况和未来预测，对项目成本进行估算。以下是扩大估算方法的步骤和注意事项。

（一）收集历史数据

在进行扩大估算之前，需要收集以往类似项目的历史成本数据。这些数据包括项目规模、施工周期、材料和设备价格等信息。收集历史数据可以帮助我们了解类似项目的实际成本情况，为扩大估算提供参考。

（二）确定成本影响因素

除了收集历史数据外，还需要确定影响项目成本的主要因素。这些因素包括项目规模、施工周期、材料和设备价格、人工成本等。在扩大估算时，我们需要考虑这些因素对项目成本的影响，并进行相应的调整。

（三）选择合适的估算模型

根据历史数据和成本影响因素，选择合适的估算模型进行扩大估算。常用的估算模型包括：

1. 线性回归模型

线性回归模型是一种常用的数学模型，它通过拟合历史数据，找出影响项目成本的主要因素及其关系。线性回归模型可以表示为：$y=ax+b$，其中 y 为项目成本，x 为影响项目成本的因素，a 和 b 为模型参数。通过回归分析，可以得出 a 和 b 的值，从而预测新的项目成本。

2. 指数回归模型

指数回归模型也是一种常用的数学模型，它通过拟合历史数据，找出项目成本与施工周期之间的关系。指数回归模型可以表示为：$y=ae^{(kx)}$，其中 y 为项目成本，x 为施工周期，a 和 k 为模型参数。通过回归分析，可以得出 a 和 k 的值，从而预测新的项目成本。

3. 类比法

类比法是根据类似项目的实际成本和类似经验进行估算的方法。该方法需要先了解类似项目的实际成本和类似经验，再根据拟建项目的实际情况进行调整。类比法适用于缺乏历史数据和无法准确计算工程量的项目。

（四）注意事项

在进行扩大估算时，需要注意以下几点。

充分了解类似项目的实际情况和历史数据，以便更好地进行估算。

选择合适的估算模型，并根据拟建项目的实际情况进行调整。

考虑市场价格波动、施工周期等因素对工程成本的影响。

对无法准确计算工程量的项目进行风险评估,并预留一定的风险费用。

与其他部门和团队成员进行充分沟通和协作,确保估算结果的准确性和合理性。

在进行扩大估算时,需要充分了解类似项目的实际情况和历史数据,选择合适的估算模型,并根据拟建项目的实际情况进行调整。同时需要注意市场价格波动、施工周期等因素对工程成本的影响,并预留一定的风险费用。通过扩大估算方法的实施,可以为企业提供参考,帮助企业了解类似项目的成本情况,为后续的成本控制工作提供依据。

三、缩小估算方法

工程成本估算方法——缩小估算方法是一种相对较为简单和快捷的成本估算方法,它基于对项目关键部分的详细分析,而不是对整个项目的全面评估。以下是缩小估算方法的步骤和注意事项。

(一)确定关键部分和参数

缩小估算方法将项目成本划分为几个关键部分,并针对每个部分选择适当的参数进行估算。这些关键部分通常包括人工成本、材料成本、设备成本、间接费用等。在确定关键部分后,需要了解每个部分的历史数据和实际情况,以便选择合适的参数进行估算。

(二)选择估算模型

根据关键部分和参数,选择适合的估算模型进行缩小估算。常用的估算模型包括以下几种。

1.参数模型

参数模型是一种基于历史数据和项目特征的数学模型,它通过拟合历史数据,找出影响项目成本的关键因素及其关系。参数模型可以表示为:$y=ax+b$,其中 y 为项目成本,x 为影响项目成本的关键因素,a 和 b 为模型参数。通过回归分析,可以得出 a 和 b 的值,从而预测新的项目成本。

2.经验公式

经验公式是根据以往类似项目的实际成本和经验总结出来的公式,它可以直接用于新项目的成本估算。经验公式通常包括一些常量和变量，这些常量是根据历史数据得出的，变量是根据拟建项目的实际情况填写的。

（三）进行估算

在选择合适的估算模型后，需要对每个关键部分进行详细的成本估算。这包括根据历史数据和实际情况选择合适的参数，并使用估算模型计算每个关键部分的成本。最后，将所有关键部分的成本加总，得到整个项目的成本估算。

（四）注意事项

在进行缩小估算时，需要注意以下几点。

确定关键部分时要有针对性，针对项目的重要部分进行详细分析。

选择合适的估算模型，并根据拟建项目的实际情况进行调整。

对每个关键部分进行详细的分析和调查，以确保参数选择的准确性和合理性。

考虑市场价格波动、施工周期等因素对工程成本的影响。

与其他部门和团队成员进行充分沟通和协作，确保估算结果的准确性和合理性。

在进行缩小估算时，需要确定关键部分并选择合适的估算模型，对每个关键部分进行详细的成本估算，并考虑市场价格波动、施工周期等因素对工程成本的影响。同时需要注意参数选择的准确性和合理性，并与其他部门和团队成员进行充分沟通和协作，确保估算结果的准确性和合理性。缩小估算方法可以为工程项目提供较为准确的成本估算结果，帮助企业了解项目的经济效益和风险情况，为后续的投资决策提供依据。

四、工程成本估算的准确性评估

工程成本估算的准确性评估是项目管理中非常重要的一环，它可以帮助项目团队了解成本估算的可靠性和准确性，为后续的决策提供依据。以下是工程成本估算准确性评估的步骤和注意事项。

（一）确定评估标准

在进行工程成本估算准确性评估时，需要确定评估的标准和指标。常用的评估指标包括以下几种。

误差率：误差率是指实际成本与估算成本之间的差值与估算成本的比值，误差率越小，说明估算越准确。

相对误差率：相对误差率是指实际成本与估算成本之间的差值与实际成本的比值，相对误差率越小，说明估算越准确。

偏差率：偏差率是指实际成本与估算成本之间的差值与实际成本的比值，偏差率越小，说明估算越准确。

预测精度：预测精度是指实际成本与估算成本之间的相关性，相关性越高，说明估算越准确。

（二）收集历史数据

为了评估工程成本估算的准确性，需要收集类似项目的历史数据。这些数据包括类似项目的实际成本和估算成本，以及相关的项目参数和特征。通过分析这些数据，可以了解类似项目的成本估算准确性和误差情况，为当前项目的成本估算提供参考。

（三）分析影响因素

工程成本估算受到多种因素的影响，包括工程规模、施工条件、设计方案、材料价格等。为了提高工程成本估算的准确性，需要对这些影响因素进行分析和评估。通过对影响因素的分析，可以了解哪些因素对工程成本估算的准确性影响较大，从而采取相应的措施进行控制和调整。

（四）进行成本估算

在进行工程成本估算时，需要选择合适的成本估算方法和模型，并根据拟建项目的实际情况进行调整。常用的成本估算方法包括以下几种。

类比法：类比法是根据类似项目的实际成本和参数来推算当前项目的成本。这种方法简单快捷，但准确性相对较低。

参数模型法：参数模型法是一种基于历史数据和项目特征的数学模型，它通过拟合历史数据，找出影响项目成本的关键因素及其关系。参数模型法可以表示为：$y=ax+b$，其中 y 为项目成本，x 为影响项目成本的关键因素，a 和 b 为模型参数。通过回归分析，可以得出 a 和 b 的值，从而预测新的项目成本。

单位成本法：单位成本法是根据单位工程的单位成本和工程量来推算总成

本。这种方法适用于工程量较大的项目。

经验估算法：经验估算法是根据以往类似项目的实际成本和经验总结出来的公式，它可以直接用于新项目的成本估算。经验估算法通常包括一些常量和变量，这些常量是根据历史数据得出的，变量是根据拟建项目的实际情况填写的。

（五）进行准确性评估

在完成工程成本估算后，需要对估算结果的准确性进行评估。这可以通过比较实际成本与估算成本的差异来实现。常用的评估方法包括以下几种。

对比分析法：对比分析法是将实际成本与不同时期的同类工程进行对比分析，以判断本工程的成本控制情况。

趋势分析法：趋势分析法是通过对历史数据的分析，了解工程成本的变动趋势和规律，从而对未来工程成本的变动进行预测和分析。

回归分析法：回归分析法是通过回归方程分析因变量与自变量之间的关系，从而预测未来工程成本的变动情况。

在进行工程成本估算准确性评估时，需要对评估结果进行总结和分析，并提出相应的建议和措施。如果发现工程成本估算存在较大误差或偏差，需要进一步分析原因并采取相应的措施进行纠正和控制。同时，建议在项目实施过程中加强成本控制和管理，确保项目目标的顺利实现。

第二节　工程成本预算方法

一、全面预算法

工程成本预算是项目管理中非常重要的一环，它可以帮助项目团队了解项目成本的可靠性和准确性，为后续的决策提供依据。全面预算法是一种常用的工程成本预算方法，它通过对项目全过程的成本进行估算和预测，来实现对项目成本的全面控制和管理。以下是全面预算法在工程成本预算中的应用和分析。

（一）全面预算法的概念

全面预算法是一种以数量为依据的预算方法，它通过对项目全过程的成本进行估算和预测，包括人工、材料、机械使用、管理费用等各个方面，从而实现对项目成本的全面控制和管理。这种方法强调对项目全过程的综合考虑，以实现资源的优化配置和成本的合理控制。

（二）全面预算法的优点

全面性：全面预算法涵盖了项目的全过程，从设计、施工到验收和结算，对每个阶段的成本进行估算和预测，有利于全面把握项目成本。

准确性：通过对项目全过程的成本进行估算和预测，可以更准确地预测项目成本，提高预算的准确性。

指导性：全面预算法可以为项目实施过程中的成本控制提供指导和依据，帮助项目团队更好地掌握项目进展情况，及时调整和控制成本。

（三）全面预算法的步骤

确定预算目标：明确项目的预算目标，包括总成本、单位成本等。

分析项目特点：对项目的特点进行分析，包括工程规模、施工条件、设计方案、材料价格等，以便于制定合理的预算方案。

分解项目过程：将项目全过程分解为若干个阶段，包括设计、施工、验收等，对每个阶段的成本进行估算和预测。

分配资源：根据每个阶段所需的资源进行分配，包括人工、材料、机械使用、管理费用等，制定合理的资源使用计划。

制定预算方案：根据每个阶段的成本估算和资源分配情况，制定合理的预算方案，包括总成本、单位成本等。

审核与调整：对制定的预算方案进行审核和调整，确保预算方案的合理性和准确性。

执行与控制：在项目实施过程中，按照预算方案进行执行和控制，及时调整和控制成本。

（四）全面预算法的注意事项

重视历史数据的参考价值：在制定全面预算方案时，需要参考类似项目的历史数据，以便于更准确地估算和预测项目成本。

考虑不可预见因素：在制定全面预算方案时，需要考虑一些不可预见因素，如自然灾害、市场变化等，以避免预算不足或过度控制成本。

及时调整预算方案：在项目实施过程中，需要及时调整和完善预算方案，以适应项目的实际情况和变化。

加强成本控制和管理：在项目实施过程中，需要加强成本控制和管理，确保实际成本控制在预算范围内。

全面预算法是一种有效的工程成本预算方法，它通过对项目全过程的成本进行估算和预测，实现了对项目成本的全面控制和管理。在实际应用中，需要注意以下几点。首先，要重视历史数据的参考价值；其次，要充分考虑不可预见因素；最后，要加强成本控制和管理。同时，建议在项目实施过程中及时调整和完善预算方案，以确保项目目标的顺利实现。

二、零基预算法

零基预算法是一种常用的工程成本预算方法，它以零为基础对项目成本进行估算和预测，不受历史成本的影响，能够更好地反映项目的实际成本。以下是零基预算法在工程成本预算中的应用和分析。

（一）零基预算法的概念

零基预算法是一种以零为基础的工程成本预算方法，它不依赖于历史成本数据，而是从零开始对项目成本进行估算和预测。这种方法强调对项目全过程的综合考虑，以实现资源的优化配置和成本的合理控制。

（二）零基预算法的优点

独立性：零基预算法不受历史成本的影响，能够独立地对项目成本进行估算和预测，具有更高的准确性。

全面性：零基预算法涵盖了项目的全过程，从设计、施工到验收和结算，对每个阶段的成本进行估算和预测，有利于全面把握项目成本。

优化资源配置：零基预算法通过对项目全过程的资源进行优化配置，能够更好地控制和管理项目成本。

激励创新：零基预算法鼓励项目团队成员提出新的方案和措施，以降低项目成本，促进技术创新和管理创新。

（三）零基预算法的步骤

确定预算目标：明确项目的预算目标，包括总成本、单位成本等。

分析项目特点：对项目的特点进行分析，包括工程规模、施工条件、设计方案、材料价格等，以便于制定合理的预算方案。

分解项目过程：将项目全过程分解为若干个阶段，包括设计、施工、验收等，对每个阶段的成本进行估算和预测。

制定预算方案：根据每个阶段的成本估算和资源分配情况，制定合理的预算方案，包括总成本、单位成本等。

审核与调整：对制定的预算方案进行审核和调整，确保预算方案的合理性和准确性。

执行与控制：在项目实施过程中，按照预算方案进行执行和控制，及时调整和控制成本。

（四）零基预算法的注意事项

重视项目特点分析：在制定零基预算方案时，需要重视项目特点的分析，包括工程规模、施工条件、设计方案、材料价格等，以便于更准确地估算和预测项目成本。

合理分配资源：在制定零基预算方案时，需要根据每个阶段所需的资源进行合理分配，以实现资源的优化配置和成本的合理控制。

考虑风险因素：在制定零基预算方案时，需要考虑一些风险因素，如市场变化、自然灾害等，以避免预算不足或过度控制成本。

及时调整预算方案：在项目实施过程中，需要及时调整和完善预算方案，以适应项目的实际情况和变化。

加强成本控制和管理：在项目实施过程中，需要加强成本控制和管理，确保实际成本控制在预算范围内。

零基预算法是一种有效的工程成本预算方法，它以零为基础对项目成本进行估算和预测，不受历史成本的影响，能够更好地反映项目的实际成本。在实际应用中，需要注意以下几点。首先，要重视项目特点的分析；其次，要合理分配资源；再次，要考虑风险因素；最后，要加强成本控制和管理。

同时建议在项目实施过程中及时调整和完善预算方案以确保项目目标的顺利实现。

三、弹性预算法

弹性预算法是一种常用的工程成本预算方法，它能够更好地适应项目的变化和不确定性，为项目成本控制提供更加可靠的依据。以下是弹性预算法在工程成本预算中的应用和分析。

（一）弹性预算法的概念

弹性预算法是一种基于弹性需求和成本分析的工程成本预算方法。它根据项目的设计、施工、材料采购等不同阶段的需求和成本变化，结合历史数据和市场价格波动等因素，对项目成本进行动态的估算和预测。

（二）弹性预算法的优点

适应性强：弹性预算法能够根据项目需求和成本变化进行动态调整，更好地适应项目的变化和不确定性。

准确性高：通过综合考虑历史数据和市场价格波动等因素，弹性预算法能够更加准确地预测项目成本，提高预算的可靠性。

管理方便：弹性预算法能够实时监控项目成本，及时发现和解决成本超支等问题，方便项目管理。

激励创新：弹性预算法鼓励项目团队成员提出新的方案和措施，以降低项目成本，促进技术创新和管理创新。

（三）弹性预算法的步骤

确定预算目标：明确项目的预算目标，包括总成本、单位成本等。

分析项目需求：对项目的需求进行分析，包括工程规模、施工条件、设计方案、材料规格等，以便于制定合理的预算方案。

分析成本因素：对项目的成本因素进行分析，包括材料价格、人工费用、机械租赁等，以便于更好地预测成本变化。

制定初步预算方案：根据项目需求和成本因素分析结果，制订初步的预算方案，包括总成本、单位成本等。

调整预算方案：根据项目实施过程中的实际情况和市场价格波动等因素，及时调整和完善预算方案，以适应项目的变化和不确定性。

执行与控制：在项目实施过程中，按照预算方案进行执行和控制，及时调整和控制成本。

（四）弹性预算法的注意事项

重视项目需求分析：在制订弹性预算方案时，需要重视项目需求的分析，包括工程规模、施工条件、设计方案、材料规格等，以便于更准确地预测项目成本。

合理考虑市场价格波动：在制订弹性预算方案时，需要考虑市场价格波动等因素，以避免预算不足或过度控制成本。

及时调整预算方案：在项目实施过程中，需要及时调整和完善预算方案，以适应项目的实际情况和变化。

加强成本控制和管理：在项目实施过程中，需要加强成本控制和管理，确保实际成本控制在预算范围内。

弹性预算法是一种有效的工程成本预算方法，它能够更好地适应项目的变化和不确定性，为项目成本控制提供更加可靠的依据。在实际应用中，需要注意以下几点。首先，要重视项目需求的分析；其次，要合理考虑市场价格波动；再次，要及时调整预算方案；最后，要加强成本控制和管理。同时建议在项目实施过程中及时调整和完善预算方案以确保项目目标的顺利实现。

四、滚动预算法

滚动预算法是一种常用的工程成本预算方法，它能够根据项目的实际情况和变化进行动态调整，提高预算的可靠性和准确性。以下是滚动预算法在工程成本预算中的应用和分析。

（一）滚动预算法的概念

滚动预算法是一种连续的、动态的工程成本预算方法。它根据项目实施过程中的实际情况和变化，不断调整和更新预算方案，以保证项目成本的可靠性和准确性。滚动预算法通常以短周期进行预算调整，如月、季度等，以便于及时反映项目成本的变化和调整成本控制措施。

（二）滚动预算法的优点

适应性强：滚动预算法能够根据项目的实际情况和变化进行动态调整，更好地适应项目的变化和不确定性。

准确性高：通过不断调整和更新预算方案，滚动预算法能够更加准确地预测项目成本，提高预算的可靠性。

管理方便：滚动预算法能够实时监控项目成本，及时发现和解决成本超支等问题，方便项目管理。

激励创新：滚动预算法鼓励项目团队成员提出新的方案和措施，以降低项目成本，促进技术创新和管理创新。

（三）滚动预算法的步骤

确定预算目标和周期：明确项目的预算目标，如总成本、单位成本等，并确定滚动预算的周期，如月、季度等。

制订初步预算方案：根据项目需求和历史数据等因素，制定初步的预算方案，包括总成本、单位成本等。

实施与控制：在项目实施过程中，按照初步预算方案进行执行和控制，及时发现和解决成本超支等问题。

调整预算方案：根据项目实施过程中的实际情况和变化，及时调整和完善预算方案，以适应项目的变化和不确定性。

分析成本差异：对项目成本的差异进行分析，找出原因并采取相应的措施进行成本控制。

总结与反馈：在每个滚动周期结束后，对预算执行情况进行总结和反馈，以便于及时发现问题并采取改进措施。

（四）滚动预算法的注意事项

重视实时监控和分析：滚动预算法要求在项目实施过程中进行实时监控和分析，以便于及时发现和解决成本超支等问题。

合理考虑市场价格波动：在制订滚动预算方案时，需要考虑市场价格波动等因素，以避免预算不足或过度控制成本。

及时调整预算方案：在项目实施过程中，需要及时调整和完善预算方案，以适应项目的实际情况和变化。

加强成本控制和管理：在项目实施过程中，需要加强成本控制和管理，确保实际成本控制在预算范围内。

提高团队成员参与度：滚动预算法鼓励项目团队成员参与成本控制和管理，提高团队成员的积极性和创新能力。

滚动预算法是一种有效的工程成本预算方法，它能够根据项目的实际情况和变化进行动态调整，提高预算的可靠性和准确性。在实际应用中，需要注意以下几点。首先，要重视实时监控和分析；其次，要合理考虑市场价格波动；再次，要及时调整预算方案；最后，要加强成本控制和管理。同时建议在项目实施过程中不断提高团队成员的参与度和素质水平以确保项目目标的顺利实现。

五、概率预算法

概率预算法是一种基于概率分析的工程成本预算方法，它能够考虑不确定因素和风险对项目成本的影响，从而提高预算的可靠性和准确性。以下是概率预算法在工程成本预算中的应用和分析。

（一）概率预算法的概念

概率预算法是一种基于概率分析的工程成本预算方法。它通过分析可能影响项目成本的各种因素，如工程量、材料价格、人工成本等，并考虑这些因素的不确定性，从而对项目成本进行概率预算。

（二）概率预算法的优点

考虑不确定性因素：概率预算法能够考虑影响项目成本的各种不确定性因素，如市场价格波动、工程变更等，从而提高预算的可靠性。

风险管理：概率预算法能够评估各种风险对项目成本的影响，从而采取相应的风险管理措施，降低成本风险。

决策支持：概率预算法可以为项目决策提供支持，帮助决策者更好地评估项目成本和风险，从而做出更加明智的决策。

(三）概率预算法的步骤

收集数据：收集与项目成本相关的各种数据，如工程量、材料价格、人工成本等，以及相关市场数据和历史数据等。

分析不确定性因素：分析影响项目成本的各种不确定性因素，如市场价格波动、工程变更等，并评估其对项目成本的影响。

建立概率模型：根据收集的数据和分析的不确定性因素，建立相应的概率模型，如随机过程模型、蒙特卡洛模拟等。

进行模拟计算：利用建立的概率模型进行模拟计算，得到项目成本的概率分布和统计指标，如期望值、方差、标准差等。

提供决策支持：根据模拟计算的结果，为项目决策提供支持，帮助决策者更好地评估项目成本和风险，从而做出更加明智的决策。

（四）概率预算法的注意事项

数据质量：收集到的数据质量直接影响到概率预算法的准确性和可靠性。因此，需要确保数据的准确性和完整性。

风险管理：概率预算法需要考虑各种风险对项目成本的影响。因此，需要采取相应的风险管理措施，降低成本风险。

模型选择：建立的概率模型需要根据实际情况进行选择和调整。因此，需要选择合适的概率模型，并对其进行验证和调整。

实时监控和分析：在项目实施过程中需要进行实时监控和分析，以便于及时发现和解决成本超支等问题。

提高团队成员素质：提高团队成员的素质水平对于概率预算法的实施至关重要。因此，需要加强团队成员的成本意识和风险管理能力等方面的培训和提高。

第三节 工程成本核算方法

一、实际成本核算

（一）实际成本核算的意义

工程成本核算是工程建设过程中非常重要的一个环节，它能够真实地反映工程建设的实际成本，为投资者提供决策依据，同时也有助于企业加强内部管理，提高经济效益。实际成本核算法是一种直接、有效、易行的工程成本核算方法，能够真实地反映工程建设的实际成本，避免虚增成本和浪费资源的情况发生。因此，实际成本核算对于工程建设行业具有非常重要的意义。

（二）实际成本核算的基本原则

实际成本核算应遵循以下基本原则。

真实性原则：实际成本核算应真实地反映工程建设的实际成本，不得虚增成本或隐瞒成本。

明晰性原则：实际成本核算应清晰明了，分类合理，易于理解，便于查询和分析。

可比性原则：实际成本核算应遵循可比性原则，以便于在不同项目之间进行比较和评估。

及时性原则：实际成本核算应及时进行，以便及时反映工程建设过程中的成本变化情况。

一致性原则：实际成本核算应遵循一致性原则，确保成本核算方法和流程的一致性，避免出现前后不一致的情况。

（三）实际成本核算的方法

实际成本核算的方法包括以下几种。

直接成本法：直接成本法是指将工程建设过程中发生的直接成本（如材料费、人工费、机械使用费等）直接计入工程成本的方法。这种方法简单易行，适用于项目规模较小、工期较短的情况。

作业成本法：作业成本法是指将工程建设过程中发生的间接成本（如管理费用、销售费用等）按照作业流程进行分配，计入工程成本的方法。这种方法适用于项目规模较大、工期较长、间接费用较高的情况。

工期进度法：工期进度法是指将工程建设过程中发生的直接成本和间接成本按照工期进度的比例进行分配，计入工程成本的方法。这种方法适用于项目规模较大、工期较长的情况。

技术经济指标法：技术经济指标法是指利用技术经济指标（如平方米造价、立方米造价等）对工程成本进行估算的方法。这种方法适用于初步设计和施工图设计阶段。

回归分析法：回归分析法是指利用历史数据进行分析，得出回归方程，并利用回归方程对未来成本进行预测的方法。这种方法适用于具有大量历史数据的情况。

（四）实际成本核算的流程

实际成本核算的流程包括以下步骤。

确定核算对象：确定需要进行实际成本核算的工程项目。

确定核算周期：确定实际成本核算的周期，一般可按月、季、年进行核算。

收集原始凭证：收集工程建设过程中发生的各种原始凭证，如材料入库单、领料单、工资单、差旅费报销单等。

归集和分配费用：将收集到的原始凭证按照直接费用和间接费用进行归集和分配，计入工程成本。

计算工程成本：按照一定的方法计算出工程的实际成本，并进行记录和汇总。

分析工程成本：对计算出的工程成本进行分析，发现问题并进行改进。

编制成本报表：编制工程成本报表，反映工程成本的构成和变化情况。

（五）实际成本核算的注意事项

实际成本核算过程中需要注意以下事项。

要及时收集和整理原始凭证，确保凭证的真实性和完整性。

要按照一定的方法和流程进行费用的归集和分配，确保成本的准确性和合理性。

二、计划成本核算

（一）计划成本核算的意义

计划成本核算法是一种预先设定成本计划，然后按照计划进行成本核算的方法。这种核算方法在工程建设行业中具有非常重要的意义。首先，计划成本核算法可以预先估计工程建设所需的成本，有助于投资者进行决策和资金安排。其次，设定计划成本有助于企业控制资源消耗，优化资源配置，提高经济效益。最后，计划成本核算法可以及时发现成本差异，及时采取措施进行改进，有利于企业加强内部管理，提高成本控制水平。

（二）计划成本核算的基本原则

计划成本核算应遵循以下基本原则。

全面性原则：计划成本核算应全面考虑工程建设过程中的所有成本因素，包括直接成本和间接成本，固定成本和可变成本等。

合理性原则：计划成本核算应合理设定各项成本的预算和标准，充分考虑市场价格波动、技术进步等因素的影响。

可比性原则：计划成本核算应遵循可比性原则，以便于在不同项目之间进行比较和评估。

可行性原则：计划成本核算应考虑实际情况和可行性，避免设定不切实际的成本目标和预算。

动态调整原则：计划成本核算应实行动态调整，根据实际情况及时调整和修正成本计划，保持与实际成本的同步。

（三）计划成本核算的方法

计划成本核算的方法包括以下几种。

历史成本法：根据以往类似项目的历史成本数据，结合当前项目的实际情况，制订出新的项目成本计划。这种方法简单易行，但需要有一定的历史数据支持和参考。

参数估价法：根据参数模型对项目各项成本进行估算，如建筑工程可按面积、体积等参数进行估价。这种方法需要建立准确的参数模型和数据基础。

定额预算法：根据行业或地区的定额标准，结合项目的具体情况制定出项目成本计划。这种方法需要了解当地的定额标准和市场价格信息。

经验估算法：根据以往的经验对项目各项成本进行估算，如某些常规施工任务的单价和工时等。这种方法需要有一定的经验积累和判断能力。

合同约定法：根据合同约定对项目各项成本进行估算，如材料采购合同、劳务分包合同等。这种方法需要了解合同条款和约定内容。

（四）计划成本核算的流程

计划成本核算的流程包括以下步骤。

确定核算对象：确定需要进行计划成本核算的工程项目。

制订成本计划：根据工程项目的具体情况和要求，制订出合理的成本计划。

分解成本项目：将工程项目的总成本分解成各项具体的成本项目，包括人工费、材料费、机械使用费、间接费用等。

确定预算标准：对于各项具体的成本项目，确定预算标准和计算方法。

计算预算成本：根据预算标准和计算方法，计算出各项成本的预算值。

分析成本差异：定期对实际成本和预算值进行比较和分析，发现差异及时采取措施进行纠正。

调整成本计划：根据实际情况及时调整和修正成本计划，保持与实际成本的同步。

考核成本控制效果：对成本控制效果进行考核和评价，为今后工程项目的成本控制提供参考和借鉴。

（五）计划成本核算的注意事项

计划成本核算过程中需要注意以下事项。

要充分了解工程项目的具体情况和要求，制订出合理的成本计划。

要对各项成本的预算标准和计算方法进行认真分析和确认，确保预算的准确性和合理性。

三、责任成本核算

（一）责任成本核算的意义

责任成本核算是一种以责任中心为对象，将工程项目的成本划分为若干个责任中心，并按照各自的责任范围进行成本核算和控制的方法。这种方法在工程建设行业中具有非常重要的意义。首先，责任成本核算有助于企业明确各部门的责任和权利，促进企业内部管理体制的完善。其次，责任成本核算法有助于企业提高成本管理的效率和效果，实现成本控制的目标。最后，责任成本核算可以为企业提供准确的成本信息，为决策提供依据。

（二）责任成本核算的基本原则

责任成本核算应遵循以下基本原则。

责任主体原则：以责任中心为主体，将工程项目的成本划分为若干个责任中心，并明确各自的责任范围。

目标一致原则：各责任中心的责任和权利应与工程项目的总体目标相一致，以确保各部门的行动符合企业整体利益。

可控性原则：各责任中心应只对其可控的成本负责，避免将不可控的成本纳入责任范围。

可衡量性原则：各责任中心的责任和权利应可以衡量和量化，以便于进行考核和评价。

奖惩分明原则：对于成本控制效果好的责任中心应给予奖励，对于成本控制效果差的责任中心应给予惩罚。

（三）责任成本核算的方法

责任成本核算的方法包括以下几种。

直接成本法：将工程项目的直接成本（如人工费、材料费、机械使用费等）直接归属于各责任中心。这种方法简单易行，但容易忽略间接费用的分配。

作业成本法：将工程项目的成本按照作业流程进行归集和分配，以确定各责任中心的成本。这种方法能够准确反映各责任中心的成本状况，但需要详细的作业数据和信息。

责任预算法：根据各责任中心的责任范围和实际情况，制定相应的责任预算，并对实际成本进行考核和评价。这种方法需要制定合理的责任预算和考核标准。

（四）责任成本核算的流程

责任成本核算的流程包括以下步骤。

确定责任中心：根据工程项目的具体情况和要求，确定需要进行责任成本核算的各部门或团队，并明确其责任范围和权利。

制定责任预算：根据各责任中心的职责和实际情况，制定相应的责任预算，包括各项成本的预算额度和标准。

归集成本：按照各责任中心的职责范围，将工程项目的成本归集到相应的责任中心。对于间接费用，需要按照合理的分配标准进行分配。

考核与评价：根据实际成本与责任预算的差异，对各责任中心的成本控制效果进行考核和评价，并采取相应的奖惩措施。

分析差异原因：对于实际成本与责任预算存在的差异，应分析其产生的原因，并提出改进措施和建议。

调整责任预算：根据实际情况及时调整和修正责任预算，保持与实际成本的同步。

总结经验教训：对责任成本核算过程中出现的问题和不足进行总结和分析，提出改进措施和建议，为今后的工程项目提供参考和借鉴。

（五）责任成本核算的注意事项

责任成本核算过程中需要注意以下事项。

要明确各责任中心的职责和权利，确保其可控性和可衡量性。

要制定合理的责任预算和考核标准，以便于进行考核和评价。

四、标准成本核算

（一）标准成本核算的意义

标准成本核算是一种以标准成本为基础，将实际成本与标准成本进行比较，以确定成本差异和差异原因，进而进行成本控制和考核的方法。在工程建设领域，标准成本核算具有以下重要意义。

成本控制：标准成本核算有助于企业制定合理的成本控制目标和标准，通过对实际成本的监测和分析，发现成本偏差和问题，及时采取措施进行纠正，以实现成本控制的目标。

决策支持：标准成本核算法为企业提供准确的成本信息和数据支持，有助于企业进行投资决策、项目计划和预算编制等管理活动。

绩效评估：标准成本核算可以为企业提供各部门或团队的成本控制绩效评估依据，通过对各责任中心的成本差异和差异原因进行分析，评价其成本控制效果，为奖惩机制提供依据。

（二）标准成本核算的基本原理

标准成本核算的基本原理是以标准成本为基础，将实际成本与标准成本进行比较，以确定成本差异和差异原因，进而进行成本控制和考核。标准成本是指在正常条件下，企业经过努力可以达到的成本水平，它反映了企业生产和管理水平的高低。标准成本的制定应考虑企业实际情况和市场环境等因素，并经过科学合理的计算得出。

（三）标准成本核算的方法

标准成本核算的方法包括以下几种。

直接材料标准成本法：根据材料的标准消耗量和标准单价计算材料的标准成本。在实际工作中，应根据生产工艺和产品设计确定材料的标准消耗量，根据市场价格和供应商报价确定材料的标准单价。

直接人工标准成本法：根据人工的标准工时和标准工资率计算直接人工的标准成本。在实际工作中，应根据生产工艺和生产计划确定人工的标准工时，根据劳动合同和企业薪酬制度确定标准工资率。

制造费用标准成本法：根据制造费用的标准分配率和标准工时计算制造费用的标准成本。在实际工作中，应根据生产工艺和生产计划确定制造费用的标准分配率，根据实际工时和人工费用等数据确定标准工时。

综合标准成本法：根据上述三种方法计算出的标准成本进行加总，得出综合标准成本。在实际工作中，应根据产品的生产工艺和特点等因素选择合适的计算方法和数据来源。

（四）标准成本核算的流程

标准成本核算的流程包括以下步骤。

制定标准成本：根据工程项目的具体情况和要求，制定相应的标准成本，包括直接材料、直接人工、制造费用等各项成本的预算额度和标准。

记录实际成本：在工程项目实施过程中，记录实际发生的各项成本数据，包括材料消耗、人工费用、制造费用等。

比较差异原因：将实际成本与标准成本进行比较，分析差异原因和产生的原因，确定责任中心和控制重点。

分析成本控制效果：根据实际成本与标准成本的差异大小和性质，评价各责任中心的成本控制效果，为奖惩机制提供依据。

调整成本控制措施：根据分析结果和评价结果，调整和修正成本控制措施和方法，采取有效措施进行纠正和改进。

总结经验教训：对标准成本核算过程中出现的问题和不足进行总结和分析，提出改进措施和建议，为今后的工程项目提供参考和借鉴。

五、历史成本核算

（一）历史成本核算的意义

历史成本核算是一种以实际成本为基础，对工程项目的成本进行核算和评估的方法。它通常基于过去类似项目的实际成本和经验数据，以及当前市场的价格水平来进行成本估算。历史成本核算对于工程项目具有以下重要意义。

准确性：历史成本核算以实际发生的成本数据为基础，能够较为准确地反映工程项目的实际成本状况，从而为决策提供可靠依据。

可比性：历史成本核算可以提供不同项目、不同部门之间的成本比较基础，有助于进行成本分析和控制。

管理价值：通过对历史成本的记录和分析，可以为企业提供经验数据和知识积累，为未来项目提供参考，从而提高管理效率和成本控制水平。

（二）历史成本核算的基本原理

历史成本核算的基本原理是以实际发生的成本数据为基础，对工程项目的成本进行记录、分析和评估。它强调对实际成本的客观反映，同时考虑时间因素和物价变动等因素对成本的影响。历史成本核算通常以财务报表的形式呈现，包括资产负债表、利润表和现金流量表等。

（三）历史成本核算的方法

历史成本核算的方法主要包括以下几种。

直接成本法：直接成本法将直接发生的成本直接计入产品或服务中，包括直接材料、直接人工和其他直接费用等。这种方法简单直观，适用于直接费用较高的项目。

分类成本法：分类成本法将性质相似的成本归类，如将直接材料、直接人工和制造费用等归为间接费用。这种方法有利于对同类产品或服务的成本进行比较和分析。

完全成本法：完全成本法将所有与产品或服务相关的成本计入，包括直接材料、直接人工、制造费用和其他间接费用等。这种方法能够全面反映产品或服务的总成本，但可能掩盖了不同产品或服务之间的差异。

作业成本法：作业成本法是一种更为精确的成本核算方法，它将间接费用分配到具体的作业活动中，再根据产品或服务消耗的作业量来分配间接费用。这种方法能够更准确地反映产品或服务的真实成本。

（四）历史成本核算的流程

历史成本核算的流程主要包括以下步骤。

收集数据：收集与工程项目相关的历史数据和实际发生成本的数据，包括直接材料、直接人工、制造费用等各项成本的消耗量和单价等。

记录成本：根据收集的数据记录工程项目的实际成本，包括各项费用的消耗量和单价等。

分析成本：对记录的实际成本进行分析，识别成本的构成和特点，以及影响因素。

比较成本：将实际成本与预期成本进行比较，分析差异原因和产生的原因，确定责任中心和控制重点。

控制成本：根据分析结果和控制重点，采取有效措施进行成本控制和纠正偏差，确保工程项目在预算范围内完成。

评估绩效：对工程项目的成本控制效果进行评估和绩效评价，为奖惩机制提供依据和经验教训的总结。

六、系统成本核算

(一) 系统成本核算的概念

系统成本核算是一种基于系统思维和全面质量管理理念的工程成本核算方法。它将工程成本视为一个系统,从全局角度出发,对工程项目的成本进行预测、计划、核算、控制和分析。系统成本核算强调各环节之间的协调与配合,通过优化资源配置和流程设计,实现工程成本的降低和效益的提高。

(二) 系统成本核算的特点

全面性:系统成本核算不仅关注直接成本,还重视间接成本和隐性成本。它从全局角度出发,对工程项目的成本进行全面分析和控制。

预防性:系统成本核算强调预防性管理,通过对工程项目的设计、规划、施工等各个环节进行严格把关,提前发现和解决问题,避免成本超支和资源浪费。

动态性:系统成本核算实行全过程动态管理,根据工程项目的实际情况和市场变化,及时调整和控制成本。

关联性:系统成本核算关注各环节之间的关联性和协同效应,将工程项目视为一个整体,强调各部门之间的沟通与协作。

(三) 系统成本核算的流程

目标成本制定:根据工程项目的合同、技术规范和实际情况,结合市场行情和竞争对手情况,制定合理的目标成本。

成本计划编制:按照工程项目的阶段性划分,制订详细的成本计划,包括各阶段的资源投入、费用预算和时间安排等。

成本控制实施:根据成本计划,对工程项目的实际成本进行严格控制,确保各项费用不超过预算。

成本核算与分析:采用适当的核算方法对工程项目的实际成本进行核算,并与目标成本进行对比分析,找出偏差原因和改进空间。

成本考核与奖惩:对工程项目的成本控制效果进行考核和评价,根据评价结果实施奖惩措施,激励员工积极参与成本控制工作。

经验总结与改进:对工程项目的成本控制过程进行总结和反思,吸取经验教训,持续改进和完善成本控制措施,提高工程项目的管理水平和效益。

（四）系统成本核算的方法

作业成本法：作业成本法是一种以作业为基础的成本核算方法，它将间接费用分配到具体的作业活动中，再根据产品或服务消耗的作业量来分配间接费用。这种方法能够更准确地反映产品或服务的真实成本。

挣值分析法：挣值分析法是一种基于挣值原理的成本控制方法，它通过比较已完成工作的预算值与实际值之间的差异，来评估项目进度和成本绩效。这种方法有助于及时发现和解决成本超支问题。

价值工程法：价值工程法是一种以提高产品或服务价值为目的的成本控制方法，它通过分析产品或服务的功能与成本之间的关系，寻找降低成本的途径。这种方法有助于在保证功能的前提下降低成本。

目标成本法：目标成本法是一种以市场需求和客户需求为导向的成本控制方法，它通过设定目标成本，对产品或服务的研发、设计、生产等各个环节进行成本控制。这种方法有助于提高产品或服务的竞争力。

（五）系统成本核算的优点

能够全面地考虑工程项目的直接成本和间接成本，避免片面地只关注某一环节的成本而忽略了其他环节的影响。

能够及时发现和解决成本超支问题，采取有效的措施进行成本控制和纠正偏差。

七、质量成本核算

（一）质量成本核算概述

质量成本核算是工程成本核算中的一种重要方法，它关注的是工程项目质量相关的成本。通过质量成本核算，可以了解工程项目中与质量相关的各种活动所发生的费用以及效益，从而为质量改进和成本控制提供决策依据。

（二）质量成本核算的内容

质量成本核算包括以下四个方面。

预防成本：指为了预防质量缺陷发生而投入的费用，包括质量培训、质量管理体系建设、质量检测等方面的费用。

鉴定成本：指为了确保产品或服务符合质量标准而进行的检验、测试、评估等活动中发生的费用。

内部故障成本：指产品或服务在交付前因质量问题而导致的损失，包括返工、报废、维修等费用。

外部故障成本：指产品或服务在交付后因质量问题而导致的损失，包括客户投诉处理、产品保修、产品召回等费用。

（三）质量成本核算的流程

确定质量成本核算的范围：根据工程项目的情况和实际需要，确定需要进行质量成本核算的范围和重点领域。

收集质量成本数据：收集与质量相关的各种数据，包括直接和间接的质量成本数据。

归类与分析：将收集到的数据进行归类和分析，找出质量成本的主要领域和问题点。

编制质量成本报告：根据分析结果编制质量成本报告，提出相应的改进措施和建议。

反馈与改进：将质量成本报告反馈给相关部门和人员，并根据报告中的改进措施和建议进行持续改进。

（四）质量成本核算的方法

统计法：通过收集和分析工程项目中的质量数据，运用统计方法对质量成本进行核算和分析。这种方法适用于较为稳定的生产环境和数据较为齐全的项目。

分析法：通过对工程项目中的各个环节进行分析，找出质量成本的来源和问题点，提出相应的改进措施。这种方法适用于较为复杂和大型的工程项目。

作业成本法：将间接费用分配到具体的作业活动中，再根据产品或服务消耗的作业量来分配间接费用。这种方法能够更准确地反映产品或服务的真实成本。

目标成本法：通过设定目标成本，对产品或服务的研发、设计、生产等各个环节进行成本控制。这种方法有助于提高产品或服务的竞争力。

（五）质量成本核算的优点

能够全面地了解工程项目中与质量相关的各种活动所发生的费用以及效

益，从而为质量改进和成本控制提供决策依据。

能够及时发现和解决质量问题，采取有效的措施进行质量控制和纠正偏差。

能够提高产品质量和客户满意度，增强企业市场竞争力和品牌形象。

能够促进企业持续改进和创新发展，提高整体运营效率和经济效益。

八、环境成本核算

（一）质量成本核算概述

质量成本核算是工程成本核算中的一种重要方法，它关注的是工程项目质量相关的成本。通过质量成本核算，可以了解工程项目中与质量相关的各种活动所发生的费用以及效益，从而为质量改进和成本控制提供决策依据。

（二）质量成本核算的内容

质量成本核算包括以下四个方面。

预防成本：指为了预防质量缺陷发生而投入的费用，包括质量培训、质量管理体系建设、质量检测等方面的费用。

鉴定成本：指为了确保产品或服务符合质量标准而进行的检验、测试、评估等活动中发生的费用。

内部故障成本：指产品或服务在交付前因质量问题而导致的损失，包括返工、报废、维修等费用。

外部故障成本：指产品或服务在交付后因质量问题而导致的损失，包括客户投诉处理、产品保修、产品召回等费用。

（三）质量成本核算的流程

确定质量成本核算的范围：根据工程项目的情况和实际需要，确定需要进行质量成本核算的范围和重点领域。

收集质量成本数据：收集与质量相关的各种数据，包括直接和间接的质量成本数据。

归类与分析：将收集到的数据进行归类和分析，找出质量成本的主要领域和问题点。

编制质量成本报告：根据分析结果编制质量成本报告，提出相应的改进措施和建议。

反馈与改进：将质量成本报告反馈给相关部门和人员，并根据报告中的改进措施和建议进行持续改进。

（四）质量成本核算的方法

统计法：通过收集和分析工程项目中的质量数据，运用统计方法对质量成本进行核算和分析。这种方法适用于较为稳定的生产环境和数据较为齐全的项目。

分析法：通过对工程项目中的各个环节进行分析，找出质量成本的来源和问题点，提出相应的改进措施。这种方法适用于较为复杂和大型的工程项目。

作业成本法：将间接费用分配到具体的作业活动中，再根据产品或服务消耗的作业量来分配间接费用。这种方法能够更准确地反映产品或服务的真实成本。

目标成本法：通过设定目标成本，对产品或服务的研发、设计、生产等各个环节进行成本控制。这种方法有助于提高产品或服务的竞争力。

（五）质量成本核算的优点

能够全面地了解工程项目中与质量相关的各种活动所发生的费用以及效益，从而为质量改进和成本控制提供决策依据。

能够及时发现和解决质量问题，采取有效的措施进行质量控制和纠正偏差。

能够提高产品质量和客户满意度，增强企业市场竞争力和品牌形象。

能够促进企业持续改进和创新发展，提高整体运营效率和经济效益。

九、目标成本核算

（一）目标成本核算概述

目标成本核算是一种以市场为导向，以实现企业利润最大化为目的的成本核算方法。在工程项目中，目标成本核算是进行成本控制和项目管理的重要手段之一。通过目标成本核算，可以明确工程项目在特定时期内的成本目标和计划，并对工程项目实施过程中的成本进行监控、调整和控制，以确保工程项目能够在预定时间内实现目标成本。

（二）目标成本核算的特点

以市场为导向：目标成本核算以市场价格和市场需求为基础，通过对市场进行调研和分析，制定符合市场需求的成本目标和计划。

强调全员参与：目标成本核算要求项目团队全员参与，从设计、采购、施工等各个阶段入手，共同实现成本目标。

重视成本效益：目标成本核算不仅关注成本降低，还强调在保证质量的前提下，实现成本效益最大化。

实施过程控制：目标成本核算不仅对工程项目进行事前规划和控制，还强调在实施过程中进行实时监控和调整，确保项目成本控制在预定范围内。

（三）目标成本核算的流程

确定目标成本：通过对市场进行调研和分析，结合工程项目的实际情况，制定合理的目标成本。

分解目标成本：将目标成本分解到各个阶段和各个责任中心，明确每个阶段的成本控制目标和责任。

制定成本控制措施：针对每个阶段的成本控制目标，制定相应的成本控制措施和标准。

实施成本控制：在工程项目实施过程中，对各个阶段进行实时监控，确保成本控制在预定范围内。

调整目标成本：根据实际情况和市场需求，对目标成本进行适时调整和优化，以确保实现企业利润最大化的目标。

（四）目标成本核算的方法

历史成本法：根据类似工程项目的历史成本数据，结合当前工程项目的实际情况和市场价格，推算出目标成本。

合同价法：以工程项目的合同价格为基础，结合市场价格和实际情况，推算出目标成本。

倒推成本法：从市场需求和工程项目的最终效益出发，倒推出每个阶段的成本控制目标和标准。

全面预算法：对工程项目的各个阶段进行全面预算，包括直接成本和间接成本，从而制定出合理的目标成本。

（五）目标成本核算的优点

可以明确工程项目的成本目标和计划，为项目管理提供清晰的方向和目标。

可以对工程项目实施过程中的成本进行实时监控和调整，确保项目成本控制在预定范围内。

可以提高企业经济效益和市场竞争力，实现企业利润最大化的目标。

可以促进项目团队的全员参与和协作，提高项目管理的效率和效果。

十、定额成本核算

（一）定额成本核算概述

定额成本核算是一种以工程定额为基础，通过对工程项目进行成本预测、控制和核算的方法。定额成本核算是工程建设领域中应用较为广泛的一种成本核算方式，具有科学性、规范性和可操作性。

（二）定额成本核算的特点

以工程定额为基础：定额成本核算以工程定额为基本依据，通过对工程项目的定额消耗量和费用进行计算和分析，从而确定工程项目的成本目标和计划。

强调事前规划和事中控制：定额成本核算强调在工程项目实施前进行科学规划和预算，通过对工程项目各个阶段的成本进行预测和控制，实现成本的有效管理。

适用于标准化管理：定额成本核算适用于标准化程度较高的工程项目，通过对工程项目的标准化管理，可以降低成本和提高效率。

需要专业人员支持：定额成本核算需要具备专业知识和技能的人员支持，如工程造价师、会计师等，以确保核算的准确性和有效性。

（三）定额成本核算的流程

制定定额标准：根据工程项目的实际情况和市场价格，制定合理的定额标准和消耗量。

确定人工、材料和机械台班消耗量：根据定额标准，确定工程项目中的人工、材料和机械台班消耗量。

计算材料预算价格：对工程项目的材料进行市场调研和分析，计算材料的预算价格。

计算定额直接费：根据人工、材料和机械台班消耗量以及相应的单价，计算定额直接费。

计算其他直接费和间接费：根据定额标准和实际情况，计算其他直接费和间接费。

汇总成本：将定额直接费、其他直接费和间接费汇总为工程项目的总成本。

分析成本差异：对汇总后的总成本进行分析，识别成本差异，并提出改进措施。

（四）定额成本核算的方法

经验估算法：根据类似工程项目的经验和数据，结合当前工程项目的实际情况和市场价格，估算目标成本。

类比法：将当前工程项目的各个阶段与类似工程项目进行比较，根据类似工程项目的成本数据和实际情况，推算出目标成本。

统计分析法：对以往类似工程项目的成本数据进行分析和统计，结合当前工程项目的实际情况和市场价格，推算出目标成本。

专家咨询法：聘请专业人士或咨询机构进行评估和咨询，提出目标成本的建议和意见。

（五）定额成本核算的优点

可以对工程项目进行科学规划和预算，明确每个阶段的成本控制目标和责任。

可以提高企业经济效益和市场竞争力，实现企业利润最大化的目标。

可以促进项目团队的全员参与和协作，提高项目管理的效率和效果。

可以为工程项目提供标准化管理的基础，降低成本和提高效率。

十一、可变成本核算

（一）可变成本核算概述

可变成本核算是一种以工程成本为基础，只考虑可变成本进行核算的方法。可变成本是指随着产量或业务量的变化而变化的成本，如直接材料、直接人工、制造费用等。可变成本核算根据工程项目的实际情况，只考虑与工程直接相关的成本，如直接材料、直接人工等，而不考虑间接费用和其他固定成本。

（二）可变成本核算的特点

简单易行：可变成本核算方法相对简单，易于理解和操作，适用于规模较小或项目较简单的工程项目。

突出直接成本：可变成本核算只考虑与工程直接相关的成本，如直接材料、直接人工等，能够突出工程项目的直接成本。

适用于短期决策：可变成本核算方法适用于短期决策，如短期工程项目或临时性项目。

不考虑固定成本：可变成本核算不考虑固定成本，因此无法反映工程项目全部的成本情况。

（三）可变成本核算的流程

收集数据：收集与工程项目相关的成本数据，如直接材料、直接人工等。

确定单位可变成本：根据收集的数据，计算单位可变成本，即每单位产品或服务的可变成本。

计算总可变成本：将单位可变成本乘以工程项目的产量或业务量，计算出总可变成本。

分析可变成本：对可变成本进行分析，识别哪些成本是可变的，哪些是不变的。

制定成本控制措施：根据分析结果，制定成本控制措施，如降低材料消耗、提高生产效率等。

（四）可变成本核算的方法

直接计算法：根据工程项目的实际消耗量和价格，直接计算出可变成本。

分析估算法：通过对历史数据进行分析和估算，预测未来的可变成本。

平均摊销法：将间接费用或其他固定成本平均摊销到每个单位产品或服务上，以计算可变成本。

比例分配法：将间接费用或其他固定成本按照一定的比例分配到每个单位产品或服务上，以计算可变成本。

（五）可变成本核算的优点

突出直接成本：可变成本核算只考虑与工程直接相关的成本，能够突出工程项目的直接成本。

简单易行：可变成本核算方法相对简单，易于理解和操作。

适用于短期决策：可变成本核算方法适用于短期决策，如短期工程项目或临时性项目。

可以帮助企业控制成本：通过可变成本核算，企业可以更好地控制和降低成本，提高经济效益和市场竞争力。

十二、完全成本核算

（一）完全成本核算概述

完全成本核算是一种全面的工程成本核算方法，它不仅考虑了直接与工程相关的成本，还包括了间接费用和其他固定成本。完全成本核算旨在全面反映工程项目的总成本，为企业的决策提供更全面的信息。

（二）完全成本核算的特点

完整性：完全成本核算不仅考虑了直接材料、直接人工等直接成本，还包括了间接费用和其他固定成本，能够全面反映工程项目的总成本。

准确性：完全成本核算对所有的成本进行分类和归集，能够更准确地反映工程项目的实际成本情况。

指导性：完全成本核算可以为企业的决策提供更全面的信息，帮助企业制定更具指导性的决策。

（三）完全成本核算的流程

收集数据：收集与工程项目相关的所有成本数据，包括直接材料、直接人工、间接费用和其他固定成本。

分类归集：将收集到的数据进行分类归集，将直接材料、直接人工等直接成本归集到相应的成本项目中，将间接费用和其他固定成本归集到相应的科目中。

计算总成本：将各个成本项目和科目的金额相加，计算出工程项目的总成本。

分析成本构成：对工程项目的总成本进行分析，识别哪些成本项目是主要的,哪些是次要的,哪些是不变的,哪些是可变的。

制定成本控制措施:根据分析结果,制定成本控制措施,如降低材料消耗、提高生产效率、降低间接费用等。

(四)完全成本核算的方法

直接计算法:根据工程项目的实际消耗量和价格,直接计算出各个成本项目和科目的金额。

分析估算法:通过对历史数据进行分析和估算,预测未来的各个成本项目和科目的金额。

平均摊销法:将间接费用和其他固定成本平均摊销到每个单位产品或服务上,以计算总成本。

比例分配法:将间接费用和其他固定成本按照一定的比例分配到每个单位产品或服务上,以计算总成本。

(五)完全成本核算的优点

完整性:完全成本核算不仅考虑了直接材料、直接人工等直接成本,还包括了间接费用和其他固定成本,能够全面反映工程项目的总成本。

准确性:完全成本核算对所有的成本进行分类和归集,能够更准确地反映工程项目的实际成本情况。

指导性:完全成本核算可以为企业的决策提供更全面的信息,帮助企业制定更具指导性的决策。

有助于企业经济效益的提升:通过完全成本核算,企业可以更全面地了解工程项目的实际成本情况,从而制定更具针对性的成本控制措施,降低成本,提高经济效益。

有助于企业可持续发展的推动:完全成本核算不仅关注工程项目的短期经济效益,还关注工程项目的长期可持续发展。通过对工程项目中环境、社会和经济成本的全面考虑,可以推动企业采取更加环保、可持续的发展战略,实现企业的长期稳定发展。

提高企业市场竞争力:完全成本核算可以帮助企业更好地控制和降低成本,提高经济效益和市场竞争力。在激烈的市场竞争中,具有较低成本的工程项目更容易获得市场份额和竞争优势。同时，完全成本核算还可以帮助企业识别和解决潜在的成本问题，提高企业的管理水平和运营效率。

十三、制造成本核算

（一）制造成本核算概述

制造成本核算是工程成本核算中的一种常见方法，它主要关注的是在工程项目制造过程中所发生的成本，包括直接材料、直接人工、制造费用等。制造成本核算的目标是准确地计算出每个单位产品或服务的成本，为企业的决策提供依据。

（二）制造成本核算的特点

关注制造过程：制造成本核算主要关注的是工程项目在制造过程中所发生的成本，包括直接材料、直接人工、制造费用等。

适用于批量生产：制造成本核算适用于批量生产的产品或服务，因为它可以准确地计算出每个单位产品或服务的成本。

强调成本控制：制造成本核算强调对制造过程中的成本控制，通过分析制造流程和成本构成，采取有效的措施来降低成本。

（三）制造成本核算的流程

确定目标成本：根据工程项目的预算和市场需求，确定每个单位产品或服务的目标成本。

记录实际成本：记录每个单位产品或服务在制造过程中所消耗的直接材料、直接人工、制造费用等实际成本。

分析成本差异：将实际成本与目标成本进行比较，分析成本差异的原因，采取相应的措施进行成本控制。

调整生产流程：根据分析结果，对生产流程进行调整，优化生产工艺和流程，降低成本。

监督成本控制：通过对制造过程中的成本控制情况进行监督，确保成本控制措施的有效实施。

（四）制造成本核算的方法

直接材料成本核算：根据工程项目的实际消耗量和价格，计算出每个单位产品或服务所消耗的直接材料成本。

直接人工成本核算：根据每个单位产品或服务所消耗的直接人工工时和工资率，计算出每个单位产品或服务的直接人工成本。

制造费用分摊：将制造过程中发生的间接费用和其他固定成本按照一定的比例分摊到每个单位产品或服务上，以计算总成本。

成本汇总：将各个成本项目相加，计算出每个单位产品或服务的总成本。

成本控制分析：通过对每个单位产品或服务的总成本进行分析，识别哪些成本项目是主要的，哪些是次要的，哪些是不变的，哪些是可变的。根据分析结果制定成本控制措施。

（五）制造成本核算的优点

准确性高：制造成本核算能够准确地计算出每个单位产品或服务的成本，反映了工程项目的实际成本情况。通过对实际成本的记录和分析，可以及时发现和解决成本控制中的问题。

指导性强：制造成本核算为企业提供了全面的成本信息，为决策提供了可靠的依据。通过对每个单位产品或服务的成本进行分析，可以制定更具针对性的成本控制措施，提高企业的经济效益和市场竞争力。

有助于优化生产流程：制造成本核算强调对制造过程中的成本控制，通过对生产流程的分析和优化，可以降低成本、提高效率，实现可持续发展。

十四、标准变动成本核算

（一）标准变动成本核算概述

标准变动成本核算是工程成本核算中的一种重要方法，它基于变动成本法，将工程项目的成本划分为变动成本和固定成本，并强调对变动成本的核算和控制。标准变动成本核算的目标是准确地计算出每个单位产品或服务的变动成本，为企业的决策提供依据。

(二)标准变动成本核算的特点

基于变动成本法：标准变动成本核算采用变动成本法，将工程项目的成本划分为变动成本和固定成本。这种划分方法能够清晰地反映工程项目中随产量变动的成本，便于进行成本控制和决策。

强调变动成本的核算：标准变动成本核算重点核算工程项目中的变动成本，包括直接材料、直接人工等随产量变动的成本。通过对变动成本的准确计算，可以反映工程项目的实际成本情况，为决策提供依据。

适用于不同生产规模：标准变动成本核算适用于不同生产规模的企业，无论是大型工程项目还是小型工程项目，都可以采用标准变动成本核算方法进行成本的核算和控制。

强调成本控制：标准变动成本核算强调对变动成本的核算和控制，通过对变动成本的深入分析，可以发现和解决成本控制中的问题，降低工程项目的成本。

(三)标准变动成本核算的流程

确定固定成本和单位变动成本：根据工程项目的实际情况和市场需求，确定工程项目中的固定成本和单位变动成本。固定成本是指在一定期间内不随产量变动的成本，单位变动成本是指随产量变动的每单位产品的成本。

记录实际产量和实际成本：记录每个单位产品或服务的实际产量和实际成本。实际产量包括合格品产量和不合格品产量，实际成本包括直接材料、直接人工等随产量变动的成本。

计算单位变动成本：根据实际产量和实际成本的记录，计算每个单位产品或服务的单位变动成本。单位变动成本是每单位产品或服务所承担的变动成本。

计算总变动成本：将每个单位产品或服务的实际产量乘以单位变动成本，计算出每个单位产品或服务的总变动成本。

计算总成本：将每个单位产品或服务的总变动成本加上固定成本，计算出每个单位产品或服务的总成本。

分析成本控制：通过对每个单位产品或服务的总成本进行分析，识别哪些成本项目是主要的，哪些是次要的，哪些是不变的，哪些是可变的。根据分析结果制定成本控制措施。

监督成本控制：通过对实际成本的监督和控制，确保成本控制措施的有效实施。对于超出预算的成本项目，采取相应的措施进行调整和改进。

（四）标准变动成本核算的方法

直接材料和直接人工的核算：根据工程项目的实际情况和制造过程中的记录，直接材料和直接人工的成本可以按照实际消耗量和相应的单价进行核算。对于按工时分配的间接费用和其他固定成本，可以按照实际工时数分摊到每个单位产品或服务上。

单位变动成本的计算：根据每个单位产品或服务的实际产量和实际成本记录，可以计算出每个单位产品的单位变动成本。单位变动成本的计算公式为：单位变动成本=总变动成本/总产量。

总变动成本的计算：将每个单位产品或服务的实际产量乘以单位变动成本，即可计算出每个单位产品或服务的总变动成本。总变动成本的计算公式为：总变动成本=单位变动成本×总产量。

总成本的计算：将每个单位产品或服务的总变动成本加上固定成本，即可计算出每个单位产品或服务的总成本。总成本的计算公式为：总成本=总变动成本+固定成本。

十五、标准全部成本核算

（一）标准全部成本核算概述

标准全部成本核算是工程成本核算中的一种常用方法，它以全部成本为基础，将工程项目的成本划分为直接成本和间接成本，并强调对全部成本的核算和控制。标准全部成本核算的目标是准确地计算出每个单位产品或服务的全部成本，为企业的决策提供依据。

（二）标准全部成本核算的特点

基于全部成本法：标准全部成本核算以全部成本法为基础，将工程项目的成本划分为直接成本和间接成本。这种划分方法能够全面反映工程项目中所有与生产有关的活动和费用，便于进行成本的全面控制和决策。

强调全部成本的核算：标准全部成本核算不仅关注变动成本，还关注固定成本和间接成本。通过对全部成本的准确计算，可以更全面地反映工程项目的实际成本情况，为决策提供更准确的依据。

适用于不同生产规模：标准全部成本核算适用于不同生产规模的企业，无论是大型工程项目还是小型工程项目，都可以采用标准全部成本核算方法进行成本的核算和控制。

强调成本的全面控制：标准全部成本核算强调对工程项目的全面成本控制，从产品设计、材料采购、生产制造到销售和售后服务等各个环节进行成本控制，以降低工程项目的总成本。

（三）标准全部成本核算的流程

确定直接成本和间接成本：根据工程项目的实际情况和市场价格水平，确定工程项目中的直接成本和间接成本。直接成本是指直接计入产品或服务的成本，如直接材料、直接人工等；间接成本是指与产品或服务生产有关但在制造过程中不能直接计入产品或服务的成本，如制造费用、管理费用等。

记录实际产量和实际成本：记录每个单位产品或服务的实际产量和实际成本。实际产量包括合格品产量和不合格品产量，实际成本包括直接材料、直接人工、制造费用等与生产有关的成本。

计算单位产品或服务的总成本：根据实际产量和实际成本的记录，计算每个单位产品或服务的总成本。总成本是每个单位产品或服务所承担的直接成本和间接成本的合计。

计算单位变动成本和固定成本：根据实际产量和实际成本的记录，计算每个单位产品或服务的单位变动成本和固定成本。单位变动成本是指随产量变动的每单位产品的变动成本；固定成本是指在一定期间内不随产量变动的成本。

分析成本控制：通过对每个单位产品或服务的总成本进行分析，识别哪些成本项目是主要的，哪些是次要的，哪些是不变的，哪些是可变的。根据分析结果制定成本控制措施。

监督成本控制：通过对实际成本的监督和控制，确保成本控制措施的有效实施。对于超出预算的成本项目，采取相应的措施进行调整和改进。

（四）标准全部成本核算的方法

直接材料和直接人工的核算：根据工程项目的实际情况和制造过程中的记录，直接材料和直接人工的成本可以按照实际消耗量和相应的单价进行核算。对于按工时分配的间接费用和其他固定成本，可以按照实际工时数分摊到每个单位产品或服务上。

制造费用的核算：制造费用是指与生产过程有关的间接费用，包括设备折旧费、修理费、辅助生产费等。制造费用的核算可以采用分批法或分步法，按照实际产量或工时数分摊到每个单位产品或服务上。

管理费用的核算：管理费用是指企业为组织和管理生产经营活动而发生的费用，包括工资福利费、差旅费、办公费等。管理费用的核算可以采用费用归集和分配的方法，按照实际发生额分摊到每个单位产品或服务上。

第七章 工程设计阶段的成本控制方案

第一节 限额设计方法及其成本控制方案

一、限额设计的概念与原则

限额设计是指在进行工程项目设计时，根据预设的目标和控制要求，对工程项目进行多方案比选、优化和控制的一种设计方法。其目的是在满足工程项目的功能和安全要求的前提下，实现工程项目的投资效益和控制成本的最大化。限额设计的基本原则包括以下几个方面。

（一）目标明确、重点突出

限额设计的目标是实现工程项目的投资效益和控制成本的最大化，因此在设计过程中需要明确目标，突出重点。首先，要明确工程项目的建设目标，包括功能、规模、标准等。其次，要针对工程项目的重点环节和薄弱环节进行重点设计和控制，确保工程项目的整体性和稳定性。

（二）科学合理、经济适用

限额设计需要遵循科学合理、经济适用的原则。在设计过程中，要充分考虑工程项目的实际情况和市场需求，进行多方案比选和优化，确保设计方案的科学性和合理性。同时，要注重设计方案的经济性和适用性，尽可能降低工程项目的投资成本和控制成本。

（三）技术先进、安全可靠

限额设计需要遵循技术先进、安全可靠的原则。在设计过程中，要采用先进的技术和设备，提高工程项目的科技含量和竞争力。同时，要注重设计方案的安全性和可靠性，确保工程项目的质量和安全。

（四）注重环保、节能减排

限额设计需要注重环保和节能减排的原则。在设计过程中，要采用环保材料和节能技术，减少对环境的污染和对能源的浪费。同时，要注重提高工程项目的能源利用效率和管理水平，实现工程项目的可持续发展。

（五）强化管理、落实责任

限额设计需要强化管理、落实责任的原则。在设计过程中，要建立健全的管理机制和管理制度，明确各方的职责和权利。同时，要注重对设计方案的管理和监督，确保设计方案的有效实施和管理水平的不断提高。

（六）以人为本、注重质量

限额设计需要以人为本、注重质量的原在施工阶段推行限额设计方法，有利于对工程造价进行合理控制。同时也有利于企业经济效益的提高，促进企业长远发展。

二、限额设计的实施步骤

限额设计的实施步骤主要包括以下几个方面。

（一）确定限额设计的目标

在进行限额设计之前，需要明确限额设计的目标和控制要求。这些目标和控制要求通常是根据工程项目的实际情况、市场需求和企业的投资计划等制定的。在确定限额设计的目标时，需要考虑工程项目的整体效益和长期发展，确保目标合理、可行。

（二）进行初步设计和方案比选

根据限额设计的目标和控制要求，进行初步设计和方案比选。初步设计是限额设计的基础，需要根据工程项目的实际情况和市场需求，制订多个设计方案，并对这些方案进行比选和优化。方案比选需要考虑方案的科学性、合理性、经济性和可行性等因素，选择最优方案作为限额设计的实施方案。

（三）确定各专业设计限额

在初步设计和方案比选的基础上，确定各专业设计限额。各专业设计限额是根据工程项目的整体效益和长期发展目标，结合各专业实际情况和市场需求等因素制定的。各专业设计限额需要考虑各专业的实际情况和技术标准，同时要确保各专业之间的协调性和整体性。

（四）制定技术经济指标和投资估算

根据各专业设计限额，制定技术经济指标和投资估算。技术经济指标是衡量设计方案经济合理性的重要指标，需要根据工程项目的实际情况和市场行情等因素制定。投资估算是对设计方案的投资成本进行预测和评估的重要环节，需要根据设计方案和企业的投资计划等因素制定。

（五）进行详细设计和概算编制

根据初步设计和方案比选的结果，进行详细设计和概算编制。详细设计是限额设计的关键环节，需要根据初步设计和方案比选的结果，对设计方案进行细化和完善。概算编制是对设计方案的投资成本进行预测和评估的重要环节，需要根据设计方案和企业的投资计划等因素编制。

（六）进行施工图设计和预算编制

在详细设计和概算编制的基础上，进行施工图设计和预算编制。施工图设计是限额设计的最后环节，需要根据详细设计和概算编制的结果，对设计方案进行细化和完善。预算编制是对设计方案的投资成本进行预测和评估的重要环节，需要根据设计方案和企业的投资计划等因素编制。

（七）实施限额设计并进行监督调整

在完成初步设计、详细设计、概算编制和施工图设计等环节后，开始实施限额设计并进行监督调整。在实施限额设计的过程中，需要对设计方案进行监督和管理，确保设计方案的有效实施和管理水平的不断提高。同时，需要根据实际情况对设计方案进行调整和完善，确保工程项目的整体效益和长期发展目标的实现。

（八）进行总结评估和经验总结

在完成限额设计的实施过程中，需要进行总结评估和经验总结。总结评估是对限额设计的实施效果进行评估和总结的重要环节，需要考虑工程项目的实际情况和市场行情等因素制定。经验总结是对限额设计的实施过程中遇到的问题和困难进行总结和分析的重要环节，需要制定相应的措施和建议，为今后的限额设计提供参考和借鉴。

三、限额设计的成本控制方法

限额设计是一种有效的成本控制方法,它通过对设计过程中的成本进行限制和优化,以实现工程项目的整体效益和长期发展目标。以下是一些常见的限额设计的成本控制方法。

(一)制定合理的限额标准

制定合理的限额标准是限额设计的关键。限额标准需要根据工程项目的实际情况、市场需求和企业的投资计划等因素制定。在制定限额标准时,需要综合考虑各专业之间的协调性和整体性,确保限额标准科学、合理、可行。

(二)加强初步设计的成本控制

初步设计是限额设计的基础,加强初步设计的成本控制可以有效降低整个工程项目的成本。初步设计阶段需要充分考虑工程项目的实际情况和市场需求,制定多个设计方案,并对这些方案进行比选和优化。同时,需要加强对初步设计的技术经济指标和投资估算的评估和审核,确保初步设计的成本控制合理。

(三)实施动态管理

在限额设计的过程中,实施动态管理可以有效控制成本。动态管理是指根据实际情况对设计方案进行调整和完善,以确保设计方案符合工程项目的实际需求和成本控制要求。在实施动态管理的过程中,需要加强对设计变更的管理和控制,避免因设计变更引起的成本增加。

(四)强化材料设备管理

材料和设备是工程项目的两大成本支出,强化材料设备管理可以有效降低成本。在限额设计的过程中,需要选择符合工程要求且价格合理的材料和设备,同时需要加强对材料和设备的采购、储存和使用等方面的管理,避免因材料和设备的管理不当引起的成本增加。

(五)提高设计人员的成本控制意识

设计人员是限额设计的主体,提高设计人员的成本控制意识可以有效降低成本。在限额设计的过程中,需要加强对设计人员的培训和教育,提高他们的成本控制意识和能力,同时需要建立相应的奖惩机制,激励设计人员积极参与成本控制工作。

（六）引入价值工程分析法

价值工程分析法是一种以提高产品价值为目的的成本控制方法。在限额设计的过程中，引入价值工程分析法可以对设计方案进行定量评估和分析，综合考虑设计方案的技术性和经济性，以实现设计方案的最优化和成本控制的最小化。

（七）加强施工过程中的成本控制

在限额设计的过程中，加强施工过程中的成本控制可以有效降低成本。在施工过程中，需要加强对施工进度的监控和管理，确保施工进度符合预期要求，同时需要加强对施工现场的管理和控制，避免因施工现场管理不当引起的成本增加。此外，还需要加强对工程变更的管理和控制，避免因工程变更引起的成本增加。

（八）建立成本控制体系

建立成本控制体系是限额设计的必要条件。成本控制体系包括对设计方案的技术经济指标和投资估算的评估和审核、对材料和设备的采购、储存和使用等方面的管理、对施工现场的管理等多个环节。在建立成本控制体系的过程中，需要综合考虑各环节之间的相互影响和联系，确保成本控制体系科学、合理、可行。

四、限额设计的优缺点分析

限额设计是一种在工程建设领域应用广泛的设计方法，其核心思想是通过限制设计成本来控制整个项目的投资成本。限额设计的优点如下。

有利于控制投资成本：限额设计将设计成本限制在一个预设的范围内，避免了因设计不合理导致的投资成本超支。设计人员在进行设计时，需要充分考虑成本因素，从而提高了设计的经济性和合理性。

提高设计效率：限额设计将设计任务分解为多个阶段，并为每个阶段设定具体的成本目标。这种分阶段的设计方式有利于提高设计效率，减少设计过程中的重复劳动。

促进设计优化：限额设计要求设计人员在满足技术要求的前提下，尽可能地降低成本。这促使设计人员不断优化设计方案，寻求最佳的工程方案和技术经济指标。

加强成本控制意识：限额设计要求设计人员具备较高的成本控制意识，以确保设计方案符合预设的成本目标。这有助于提高整个项目团队的成本控制意识。

然而，限额设计也存在一些缺点。

可能忽视技术因素：限额设计强调成本控制，可能导致设计人员过于关注经济因素而忽视了技术因素。在某些情况下，为了降低成本，设计人员可能会选择不够成熟或不够安全的技术方案，从而给工程带来潜在的风险。

限制设计灵活性：限额设计限制了设计人员在某些方面的灵活性。当遇到不可预见的设计问题或复杂情况时，设计人员可能无法灵活应对，导致设计方案难以实施或效果不佳。

增加设计时间：限额设计需要进行多轮次的方案比选和优化，这增加了设计时间。在某些情况下，为了达到成本控制目标，设计人员可能需要反复修改设计方案，这可能导致设计进度的延误。

难以精确设定成本目标：限额设计的成本目标往往是根据经验或类似项目的数据进行估算的。由于每个项目的具体情况不同，这些成本目标可能不够准确。如果目标设定过低，可能会导致设计人员难以满足技术要求；如果目标设定过高，则可能导致不必要的成本浪费。

可能导致资源浪费：为了满足限额设计的要求，有时需要使用更多的材料、设备和人力资源。这可能导致资源的浪费，特别是在过度追求降低成本的情况下，可能会牺牲一些环保和可持续发展的因素。

五、限额设计的案例分析

限额设计是一种在工程建设领域应用广泛的设计方法，其核心思想是通过限制设计成本来控制整个项目的投资成本。下面以一个具体的案例来分析限额设计的优缺点。

案例背景：某市政府计划建设一座高速公路桥梁，预算投资为 1 亿元。为了确保项目在预算内完成，并满足技术要求，该市政府采用了限额设计的方法。

限额设计过程如下。

确定设计目标：市政府根据项目需求和预算，确定了设计目标为完成一座符合技术标准的高速公路桥梁，并限制总投资不超过1亿元。

分解设计任务：设计团队将整个设计任务分解为多个阶段，包括方案设计、初步设计、施工图设计等。并为每个阶段设定具体的成本目标。

方案比选和优化：在设计过程中，设计团队对多个方案进行了比选和优化，从经济性、技术可行性和施工便利性等方面进行综合评估。经过多轮次的研究和讨论，最终确定了满足技术要求和经济性的设计方案。

限额分配：根据设计方案和预算，设计团队将限额分配到各个专业和施工环节。在分配过程中，强调合理性和公平性，以确保每个环节都有足够的资金来完成各自的任务。

监督和控制：在设计过程中，市政府委托了专业的造价咨询机构对设计进行监督和控制。通过定期对设计阶段的投资进行评估和审查，及时发现和纠正超出限额的情况。

限额设计的优点如下。

控制投资成本：通过限额设计，该市政府成功地将项目总投资控制在预算范围内。这避免了因设计不合理导致的投资成本超支问题。

提高设计效率：限额设计将设计任务分解为多个阶段，并为每个阶段设定具体的成本目标。这种分阶段的设计方式有利于提高设计效率，减少设计过程中的重复劳动。

促进设计优化：在设计过程中，设计团队不断优化设计方案，寻求最佳的工程方案和技术经济指标。这有助于提高项目的整体质量和效益。

加强成本控制意识：限额设计要求设计人员具备较高的成本控制意识，以确保设计方案符合预设的成本目标。这有助于提高整个项目团队的成本控制意识。

限额设计的缺点如下。

可能忽视技术因素：限额设计强调成本控制，可能导致设计人员过于关注经济因素而忽视了技术因素。在某些情况下，为了降低成本，设计人员可能会选择不够成熟或不够安全的技术方案，从而给工程带来潜在的风险。

限制设计灵活性：限额设计限制了设计人员在某些方面的灵活性。当遇到不可预见的设计问题或复杂情况时，设计人员可能无法灵活应对，导致设计方案难以实施或效果不佳。

增加设计时间：限额设计需要进行多轮次的方案比选和优化，这增加了设计时间。在某些情况下，为了达到成本控制目标，设计人员可能需要反复修改设计方案，这可能导致设计进度的延误。

难以精确设定成本目标：限额设计的成本目标往往是根据经验或类似项目的数据进行估算的。由于每个项目的具体情况不同，这些成本目标可能不够准确。如果目标设定过低，可能会导致设计人员难以满足技术要求；如果目标设定过高，则可能导致不必要的成本浪费。

可能导致资源浪费：为了满足限额设计的要求，有时需要使用更多的材料、设备和人力资源。这可能导致资源的浪费，特别是在过度追求降低成本的情况下，可能会牺牲一些环保和可持续发展的因素。

过度依赖专家意见：在限额设计中，专家的意见和决策起着至关重要的作用。然而，过度依赖专家意见可能导致一些主观性和不确定性。如果专家的意见不够准确或存在分歧，可能会对项目的投资控制产生不利影响。

第二节 标准化设计方法及其成本控制方案

一、标准化设计的概念与原则

标准化设计是指按照统一的标准和规定进行产品设计，以实现产品在功能、性能、可靠性、安全性、维护性、成本等方面的一致性和互换性。它是现代工业设计的重要组成部分，是提高产品质量和生产效率的有效手段。

（一）标准化设计的概念

标准化设计是指在产品设计过程中，采用统一的标准和规定，对产品的结构、尺寸、材料、工艺等方面进行规范化和标准化的设计。它是一种系统化的设计方法，旨在提高产品的互换性和通用性，降低生产成本和库存压力，同时提高产品的可靠性和安全性。

标准化设计的主要特点包括如下。

统一性：标准化设计采用统一的标准和规定，使得产品的设计、制造、使用和维护都遵循相同的规范和标准。这有助于提高产品的互换性和通用性，减少差异和不确定性。

系统性：标准化设计是一个系统化的过程，它需要对产品的各个方面进行全面的分析和评估，包括功能、性能、结构、材料、工艺等。同时，还需要考虑与其他相关产品的兼容性和互换性。

可靠性：标准化设计注重产品的可靠性，通过规范化的设计和测试，确保产品的质量和性能稳定可靠，降低故障率和维修成本。

经济性：标准化设计有助于降低生产成本和库存压力，减少浪费和不必要的库存。同时，它还可以提高生产效率，缩短产品上市时间。

（二）标准化设计的原则

简化原则：标准化设计的首要原则是简化。通过简化产品的结构、尺寸和材料等，减少产品的差异和复杂性，提高产品的可靠性和互换性。同时，简化设计还可以降低生产成本和维修成本。

统一原则：统一是标准化设计的核心原则。在产品的设计过程中，应尽可能采用统一的标准和规定，使得产品的各个部分都能够相互配合和替换。这有助于提高产品的通用性和互换性，降低差异和不确定性。

系列化原则：系列化是指将产品按照一定的规律进行排列和组合，形成一系列相关的产品。系列化设计可以使得产品线更加丰富和完善，满足不同用户的需求。同时，系列化还可以降低生产和库存成本，提高生产效率。

模块化原则：模块化是指将产品划分为若干个独立的模块或组件，每个模块或组件都具有特定的功能和性能。模块化设计可以提高产品的可维护性和可升级性，使得用户可以方便地进行替换和升级。同时，模块化还可以降低产品的设计和生产成本。

组合化原则：组合化是指将不同的产品或组件进行组合和搭配，形成新的产品或系统。组合化设计可以提高产品的灵活性和可扩展性，使得用户可以根据自身的需求进行定制和扩展。同时，组合化还可以降低产品的生产和库存成本。

合理化原则：合理化是指在进行标准化设计时，要充分考虑产品的功能、性能、可靠性、安全性、维护性等方面的要求，确保产品的质量和性能稳定可靠。同时，还要考虑产品的环保和可持续发展等方面的要求，以实现可持续发展。

适用性原则：适用性是指在进行标准化设计时，要充分考虑用户的需求和使用习惯等因素，使得产品能够满足用户的实际需求和使用习惯。同时，还要考虑产品的操作简便性和易用性等方面的要求，以提高用户的使用体验。

经济性原则：经济性是指在进行标准化设计时，要充分考虑产品的成本和价格等因素，使得产品能够在市场竞争中具有价格优势和性价比优势。同时，还要考虑如何降低产品的成本和提高生产效率等方面的因素，以实现经济效益的最大化。

二、标准化设计的实施步骤

标准化设计的实施步骤通常包括以下几个阶段。

（一）制定标准化计划

在实施标准化设计之前，需要制订一个详细的标准化计划，明确标准化设计的目的、内容、时间表和责任人等方面的信息。标准化计划应该结合企业的实际情况和市场需求，明确标准化设计的重点和难点，同时考虑如何与其他部门或企业进行协调和配合。

（二）确定标准化对象

在制订标准化计划之后，需要确定标准化对象，即哪些产品或哪些方面需要进行标准化设计。一般来说，标准化对象应该具有较高的市场占有率和较大的销售量，同时还需要考虑产品的结构、材料、工艺等方面的特点和难易程度。在确定标准化对象之后，需要对每个对象进行全面的分析和评估，包括功能、性能、结构、材料、工艺等方面的要求。

（三）制定标准规范

在确定标准化对象之后，需要制定相应的标准规范，即规定产品的设计、制造、检验等方面的标准和要求。标准规范应该根据企业的实际情况和市场调研结果进行制定，要具有可操作性和可执行性。同时，还需要考虑与其他相关标准的兼容性和互换性，确保标准规范的一致性和统一性。

（四）设计标准化方案

在制定标准规范之后，需要进行标准化方案的设计。标准化方案应该根据产品的特点和市场需求进行设计，要遵循简化、统一、系列化、模块化、组合化、合理化和经济性等方面的原则。同时，还需要考虑如何提高产品的可靠性、可维护性和安全性等方面的要求。在标准化方案设计过程中，应该采用多种方法和工具，包括模拟分析、实验验证、专家评估等，以确保标准化方案的可行性和可靠性。

（五）实施标准化生产

在完成标准化方案的设计之后，需要进行标准化生产的实施。标准化生产应该按照标准规范和标准化方案进行生产制造，要确保产品的质量稳定可靠、互换性和通用性等方面的要求。同时，还需要采用先进的生产技术和设备，提高生产效率和质量水平。在实施标准化生产过程中，应该加强生产管理和监督，确保生产过程的稳定和可控。

（六）监督和评估

在实施标准化设计的过程中，需要进行监督和评估，以确保标准化设计的实施效果和质量。监督和评估应该包括以下几个方面。

产品质量监督：对生产出来的产品进行质量监督和检测，确保产品的质量和性能符合标准要求。同时，还需要对产品的可靠性、安全性等方面进行评估和验证。

生产过程监督：对生产过程进行监督和检查，确保生产过程符合标准规范和标准化方案的要求。同时，还需要对生产过程中的浪费和不合理情况进行及时发现和改进。

经济效益评估：对标准化设计带来的经济效益进行评估和分析，包括降低成本、提高生产效率、增加销售额等方面的效益。同时，还需要对经济效益的可持续性进行评估和预测。

用户反馈收集：通过市场调研和用户反馈等方式，收集用户对标准化产品的反馈意见和建议，以便对标准化设计进行及时改进和优化。

法律法规符合性：确保标准化设计与相关法律法规和行业标准相符，避免出现违规行为和法律纠纷。

（七）持续改进和创新

在实施标准化设计的过程中，还需要不断进行持续改进和创新，以适应市场的变化和企业的发展需求。持续改进和创新应该包括以下几个方面。

技术创新：不断探索新的技术和方法，提高产品的性能和质量水平。同时，还需要关注行业发展趋势和技术前沿信息，以便及时引进和推广新技术和新工艺。

管理创新：优化管理体系和管理流程，提高管理效率和精益化程度。同时，还需要关注企业文化和企业形象等方面的建设和发展。

三、标准化设计的成本控制方法

标准化设计的成本控制方法在制造业中具有重要意义，通过标准化设计，企业可以有效地降低成本、提高生产效率、缩短研发周期，从而提高企业的市场竞争力。以下是几种常见的标准化设计的成本控制方法。

（一）模块化设计

模块化设计是一种将产品划分为若干个模块，每个模块都具有独立的功能和标准化的接口，通过模块的组合可以实现对产品的设计和生产。这种设计方法可以帮助企业实现产品的快速开发和生产，同时降低成本。模块化设计的成本控制方法主要包括以下几个方面。

减少研发成本：通过模块化设计，可以缩短产品的研发周期，减少研发成本。同时，模块化设计还可以提高产品的可维护性和可升级性，从而降低维护和升级成本。

降低生产成本：模块化设计可以将产品的生产过程划分为多个独立的模块，每个模块都可以进行批量生产和标准化制造，从而降低生产成本。此外，模块化设计还可以提高产品的互换性和通用性，减少库存和维修成本。

提高产品质量：模块化设计可以实现对每个模块的质量控制和检测，从而提高产品的整体质量。同时，模块化设计还可以方便地进行产品的故障诊断和维修，从而减少质量损失。

（二）标准化材料和零部件

标准化材料和零部件是成本控制的重要手段之一。通过标准化材料和零部件的采用，可以降低采购成本、缩短采购周期、提高产品质量和生产效率。以下是几种常见的标准化材料和零部件的成本控制方法。

统一规格：将材料和零部件的规格进行统一，可以减少采购的种类和数量，降低采购成本。同时，统一规格的材料和零部件还可以提高生产效率和质量水平。

批量采购：通过批量采购，可以获得较低的采购价格和较短的采购周期。同时，批量采购还可以减少库存成本和物流成本。

标准化接口：将材料和零部件的接口进行标准化，可以方便地进行组合和连接，减少加工和装配成本。同时，标准化接口还可以提高产品的互换性和通用性。

优化材料和零部件的性能：通过选用高性能、高质量的材料和零部件，可以提高产品的性能和质量水平。同时，优化材料和零部件的性能还可以减少产品的故障率和维修成本。

（三）工艺流程优化

工艺流程优化是对生产过程中的工艺流程进行重新设计和规划，以提高生产效率、降低成本、提高产品质量的过程。以下是几种常见的工艺流程优化的成本控制方法。

减少加工步骤：通过对加工步骤进行优化和减少，可以降低加工成本和时间。同时，减少加工步骤还可以提高生产效率和质量水平。

自动化生产：通过采用自动化生产线和设备，可以提高生产效率和质量水平。同时，自动化生产还可以降低人工成本和减少人为错误。

优化生产线布局：通过对生产线布局进行优化和调整，可以减少运输距离和时间，提高生产效率。同时，优化生产线布局还可以方便地进行生产管理和管理可视化。

精益生产管理：通过采用精益生产管理方法，可以优化生产计划、库存管理、质量控制等方面的工作流程和管理制度。同时，精益生产管理还可以提高企业的整体效率和盈利能力。

四、标准化设计的优缺点分析

标准化设计具有许多优点，同时也存在一些缺点。下面是对标准化设计优缺点的详细分析。

（一）优点

降低成本：标准化设计可以显著降低产品的研发和生产成本。通过使用标准化的零部件和材料，可以减少采购成本和库存成本。同时，标准化设计还可以降低生产过程中的废品率和缺陷率，提高产品的良品率。

提高效率：标准化设计可以使产品的设计和生产过程更加高效。由于零部件和材料都是标准化的，因此可以减少加工和装配的时间，提高生产效率。此外，标准化设计还可以简化生产管理流程，提高生产计划的准确性和灵活性。

促进创新：标准化设计并不意味着缺乏创新，相反，它可以促进创新。通过标准化设计，企业可以更快地推出新产品，提高市场竞争力。同时，标准化设计还可以使企业更好地掌握产品的性能和特点，为未来的创新打下坚实的基础。

提高产品质量：标准化设计可以促进企业提高产品质量。通过使用标准化的零部件和材料，可以减少产品缺陷和质量问题。同时，标准化设计还可以使企业更加注重细节和品质的控制，提高产品的整体质量水平。

增强互换性：标准化设计可以使产品的零部件具有更好的互换性。由于零部件都是标准化的，因此可以方便地进行替换和维修，减少维修成本和停机时间。

（二）缺点

缺乏个性：标准化设计可能会使产品缺乏个性和特色。在追求标准化的过程中，可能会忽略不同用户的需求和偏好，导致产品无法满足某些特定市场的需求。

限制技术进步：标准化设计可能会限制技术的发展和进步。在某些情况下，标准化可能会导致技术的停滞和落后，阻碍新技术和新方法的推广和应用。

难以适应市场变化：标准化设计可能会使企业难以适应市场的变化。在市场需求发生变化时，标准化设计可能会使企业无法快速地进行产品调整和升级，导致市场份额的流失。

增加库存压力：标准化设计可能会导致企业增加库存压力。由于零部件和材料都是标准化的，因此可能会导致库存积压和浪费，增加企业的财务压力。

难以满足客户需求：尽管标准化设计可以满足大部分客户的需求，但对于一些特殊客户来说，标准化设计可能无法满足他们的特定需求。这些客户可能需要更加定制化的产品和服务，而标准化设计无法满足他们的需求。

五、标准化设计的案例分析

标准化设计在许多领域都有广泛的应用，以下是几个具体的案例分析。

（一）案例一：宜家家居

宜家家居是全球知名的家居连锁品牌，其标准化设计理念在其成功中起到了关键作用。宜家家居的标准化设计主要体现在以下几个方面。

统一的风格：宜家家居的产品在设计上始终保持一致的风格，从颜色、材质到产品尺寸都有严格的规定。这种统一的风格使得消费者在购买宜家家居的产品时能够获得更好的整体效果。

标准化的零部件：宜家家居的产品采用标准化的零部件，使得消费者在购买新产品时可以轻松替换和适配原有的产品。这种设计理念不仅提高了产品的互换性，也降低了消费者的购买成本。

模块化的设计：宜家家居的产品采用模块化的设计，使得消费者可以根据自己的需求和喜好进行组合和搭配。这种设计理念不仅提高了产品的可定制性，也增加了产品的趣味性。

通过以上几个方面的标准化设计，宜家家居不仅提高了产品的质量和性能，也降低了产品的成本和价格，从而赢得了广大消费者的喜爱和信任。

（二）案例二：苹果公司

苹果公司是全球知名的科技公司，其标准化设计理念在其成功中起到了重要作用。苹果公司的标准化设计主要体现在以下几个方面。

统一的设计语言：苹果公司从硬件到软件都采用统一的设计语言，使得消费者在使用苹果的产品时能够获得更好的用户体验。这种统一的设计语言不仅提高了产品的整体性，也增强了消费者对品牌的认知度和忠诚度。

标准化的接口：苹果公司的硬件产品采用标准化的接口，使得消费者可以方便地连接和适配不同的产品。这种设计理念不仅提高了产品的互换性，也降低了消费者的使用成本。

模块化的软件：苹果公司的软件采用模块化的设计，使得开发者可以根据自己的需求和喜好进行开发和升级。这种设计理念不仅提高了软件的灵活性和可扩展性，也增加了软件的多样性和创新性。

通过以上几个方面的标准化设计，苹果公司不仅提高了产品的质量和性能，也降低了产品的成本和价格，从而赢得了广大消费者的喜爱和信任。同时，苹果公司的标准化设计也为其生态系统的建设和发展提供了有力的支持。

（三）案例三：乐高玩具

乐高玩具是全球知名的玩具品牌，其标准化设计理念在其成功中起到了关键作用。乐高玩具的标准化设计主要体现在以下几个方面。

统一的积木块：乐高玩具的积木块采用统一的标准尺寸和形状，使得消费者在购买乐高的玩具时能够获得更好的拼装体验。这种统一的设计使得消费者可以自由发挥创意和想象力，拼装出各种不同的造型。

标准化的连接方式：乐高玩具的积木块采用标准化的连接方式，使得消费者可以方便地将不同的积木块连接在一起。这种设计理念不仅提高了产品的互换性，也降低了消费者的使用成本。

模块化的拼装方式：乐高玩具的积木块采用模块化的拼装方式，使得消费者可以根据自己的需求和喜好进行拼装和搭配。这种设计理念不仅提高了产品的可定制性，也增加了产品的趣味性。

通过以上几个方面的标准化设计，乐高玩具不仅提高了产品的质量和性能，也降低了产品的成本和价格，从而赢得了广大消费者的喜爱和信任。同时，乐高玩具的标准化设计也为其生态系统的建设和发展提供了有力的支持。

第三节 价值工程分析及其成本控制方案

一、价值工程分析的概念与原则

价值工程分析是一种以提高产品价值为主要目标的系统化分析方法。它通过研究产品或服务的性能与成本之间的关系,帮助企业找到提高产品价值的有效途径。

（一）概念

价值工程分析是一种跨学科的方法,旨在研究如何以最低的成本实现产品的必要功能。它以提高产品价值为核心目标,通过综合分析产品的性能、成本和使用寿命等因素,帮助企业实现资源的优化配置。价值工程分析的应用范围广泛,可以涵盖产品研发、设计、制造、销售等各个阶段。

（二）原则

以提高产品价值为目标。价值工程分析的主要目标是提高产品的价值,即在满足用户需求的前提下,以最低的成本实现产品的必要功能。因此,价值工程分析强调在产品或服务的研发、设计、制造和销售等各个阶段,注重提高产品的性能与使用价值。

以用户需求为导向。价值工程分析强调以用户需求为导向,通过对用户需求进行深入了解和分析,确定产品的必要功能和特点。同时,价值工程分析也注重与用户的沟通和反馈,确保产品或服务的改进能够满足用户的需求和期望。

追求技术与经济的最佳结合。价值工程分析追求技术与经济的最佳结合,即在满足产品必要功能的前提下,合理分配和使用资源,降低产品的成本。因此,价值工程分析不仅关注技术的可行性和先进性,也关注经济的合理性和有效性。

强调创新和改进。价值工程分析强调创新和改进,通过不断探索新的技术、材料、工艺和方法,优化产品设计、制造和销售等环节,提高产品的性能和使用价值。同时,价值工程分析也注重对现有产品或服务进行改进和优化,以提高其竞争力和市场占有率。

注重团队合作和跨学科合作。价值工程分析注重团队合作和跨学科合作，要求企业各个部门之间的密切配合和协作，共同参与产品或服务的研发、设计、制造和销售等环节。同时，价值工程分析也强调与供应商、销售商等合作伙伴的沟通和合作，共同提高产品的价值和竞争力。

坚持可持续发展原则。价值工程分析坚持可持续发展原则，注重环境保护、资源利用和社会责任等方面的考虑。在产品或服务的研发、设计、制造和销售等环节中，尽可能减少对环境的影响和资源浪费，同时关注企业的社会责任和形象塑造。

建立科学评价体系。价值工程分析建立科学评价体系，对产品或服务的性能、成本、质量、寿命周期等进行全面评价。通过科学的数据分析和统计方法，对产品或服务的各项指标进行量化评估，为企业的决策提供科学依据。

不断学习和改进。价值工程分析是一个不断学习和改进的过程，要求企业不断关注市场动态和技术发展趋势，及时调整和优化产品或服务的研发、设计、制造和销售等环节。同时，企业也需不断总结经验教训，加强内部学习和培训，提高员工的综合素质和专业技能。

二、价值工程分析的实施步骤

价值工程分析的实施步骤通常包括以下几个阶段。

（一）确定研究对象

首先需要明确价值工程分析的研究对象。这可以是企业所生产的产品、提供的服务，或者是企业所面临的问题或挑战。在确定研究对象时，需要明确研究的目的和范围，以及研究的重点和难点。

（二）收集相关信息

在进行价值工程分析之前，需要收集与研究对象相关的各种信息。这包括市场需求、用户需求、产品或服务的性能特点、成本构成、竞争对手情况等。这些信息可以通过市场调研、用户访谈、数据分析、文献资料等多种途径获取。

（三）功能分析

在收集相关信息后，需要对产品或服务的功能进行分析。这包括对产品或服务的整体功能以及各个组成部分的功能进行深入剖析。通过功能分析，可以明确产品或服务的必要功能和不必要功能，为后续的价值提升提供方向。

（四）价值评估

在功能分析的基础上，需要对产品或服务的价值进行评估。这包括对产品或服务的成本和效益进行全面分析。通过价值评估，可以发现产品或服务的价值瓶颈，为后续的价值提升提供依据。

（五）方案设计

根据功能分析和价值评估的结果，需要设计相应的改进方案。这包括对产品或服务的结构、材料、工艺等方面进行优化和改进。方案设计需要注重创新和实用性，以提高产品或服务的价值和竞争力。

（六）方案实施与评估

设计方案后，需要将其付诸实施并进行评估。在方案实施过程中，需要注重团队协作和跨学科合作，确保方案的顺利实施。同时，需要对实施效果进行跟踪和评估，以检验方案的实际效果和价值提升情况。

（七）总结与反馈

在方案实施与评估后，需要对整个价值工程分析过程进行总结和反馈。这包括对分析过程中的经验教训进行总结，以及对后续工作提出建议和改进措施。通过总结与反馈，可以不断完善和提高企业的价值工程分析能力。

三、价值工程分析的优缺点分析

价值工程分析是一种系统化的成本控制方法，它通过分析产品或服务的成本和价值之间的关系，寻求在满足必要功能的前提下，降低成本、提高价值的方法。以下是价值工程分析的优缺点分析。

（一）优点

关注价值和成本：价值工程分析的核心是关注产品或服务的价值和成本之间的关系。通过降低成本和提高价值，可以更好地满足市场需求和提高企业的竞争力。

强调功能分析：价值工程分析强调对产品或服务的功能进行分析，以识别必要功能和不必要功能。通过去除不必要功能，可以降低成本并提高产品的使用价值。

系统性和综合性：价值工程分析是一种系统化和综合性的成本控制方法，它从产品或服务的整体角度出发，综合考虑各个方面因素对成本的影响。通过跨学科合作和团队协作，可以更好地解决成本问题。

创新性方案设计：价值工程分析鼓励创新性的方案设计，以降低成本并提高产品的竞争力。通过优化结构、材料和工艺等方面，可以降低成本并提高产品的性能和质量。

注重实施与评估：价值工程分析注重对方案的设计、实施和评估过程进行全面跟踪和评估。通过实施效果的实际检验和分析总结，可以不断完善和提高企业的成本控制能力。

（二）缺点

依赖于主观判断：价值工程分析的其中一个缺点是它依赖于主观判断。在确定研究对象、收集相关信息、功能分析、价值评估和方案设计等过程中，都涉及人的主观判断和经验。这可能导致结果的不准确性和不稳定性。

对某些方面可能忽略：价值工程分析可能忽略某些方面，例如产品或服务的品牌价值、市场定位、可持续性等方面。这些因素可能对产品或服务的整体价值产生重要影响，但可能被忽略或未被充分考虑。

对技术和创新的依赖：价值工程分析需要依靠一定的技术和创新来实现。然而，某些企业可能缺乏必要的技术和创新能力，或者技术和创新可能带来额外的成本和风险。这可能导致价值工程分析的效果受限。

实施难度和成本：价值工程分析的实施需要一定的专业知识和技能，同时需要投入大量时间和资源。对于一些企业来说，实施价值工程分析可能面临一定的难度和成本，尤其是在资源有限的情况下。

对团队合作的要求：价值工程分析需要跨学科合作和团队协作。然而，在实践中，不同部门和团队之间的合作可能存在障碍和沟通不畅的问题。这可能影响价值工程分析的效率和效果。

四、价值工程分析的案例分析

价值工程分析是一种系统化的成本控制方法，它通过分析产品或服务的成本和价值之间的关系，寻求在满足必要功能的前提下，降低成本、提高价值的方法。下面以一个实际案例来演示价值工程分析的应用和效果。

案例背景：

某制造企业生产一种机械设备，该设备由多个零部件组成，其中一部分零部件需要从国外进口。近年来，由于原材料价格上涨和汇率波动等因素，该设备的生产成本不断上升，严重影响了企业的利润水平。为了降低成本并提高竞争力，企业决定采用价值工程分析方法对设备进行优化设计。

价值工程分析过程：

确定研究对象：该企业选取了三种不同的设备型号作为研究对象，分别是 A 型、B 型和 C 型。这些型号的设备在功能和性能方面略有差异，但都具有相似的结构和组成。

功能分析：价值工程分析首先对设备的功能进行分析，以识别必要功能和不必要功能。通过与用户和市场调研机构的合作，确定了设备的基本功能和附加功能。其中，基本功能包括设备的运行稳定性、安全性和可靠性等方面；附加功能则包括设备的外观设计、操作便捷性和节能性能等。

成本分析：在功能分析的基础上，价值工程分析对三种型号设备的成本进行了详细分析。通过对原材料采购、生产工艺、人工成本等方面的调查和评估，确定了每种型号设备的制造成本和销售价格。

价值评估：根据功能分析和成本分析的结果，价值工程分析对三种型号设备的价值进行了评估。通过计算每种型号设备的价值系数（价值系数=功能得分/成本系数），判断其是否具有优化设计的潜力。

方案设计：根据价值评估的结果，价值工程分析提出了针对不同型号设备的优化设计方案。对于 A 型设备，由于其制造成本较高但附加功能较少，建议企业在保证基本功能的前提下，减少部分不必要的功能，以降低成本；对于 B 型设备，其制造成本和附加功能相对适中，建议企业对现有结构进行简化优化；对于 C 型设备，由于其制造成本较低但附加功能较多，建议企业在保证基本功能的前提下，增加部分附加功能，以提高产品的竞争力。

实施与评估：企业按照优化设计方案进行了样机试制和试验验证，并对优化后设备的性能、质量和成本等方面进行了综合评估。评估结果表明，优化后的设备在满足基本功能的前提下，成本得到了有效降低，同时产品的附加值也得到了提高。

案例总结：

通过上述案例可以看出，价值工程分析在成本控制和提高产品竞争力方面具有显著优势。首先，价值工程分析从产品或服务的整体角度出发，综合考虑了成本和价值之间的关系；其次，通过功能分析和成本分析，可以识别出产品的必要功能和不必要功能以及成本浪费的环节；最后，通过优化方案设计和实施评估，可以在满足必要功能的前提下降低成本并提高产品的附加值。

需要注意的是，价值工程分析的应用效果受到多种因素的影响。例如，研究对象的选择、功能分析的准确性和全面性、成本数据的可靠性和价值评估的方法等都会对最终的分析结果产生影响。因此，在实际应用中需要对这些因素进行全面考虑和合理控制。

第四节 优化设计及其成本控制方案

一、优化设计的概念与原则

优化设计是一种追求在一定约束条件下，使目标函数达到最优值的概念和方法。它以数学中的最优化理论为基础，结合计算机技术和工程设计知识，通过对问题进行分析、建模和求解，以获得满足特定条件的最佳设计方案。

优化设计的原则主要包括以下几个方面。

目标明确：优化设计旨在寻找一个或多个目标函数的最优解，因此首先需要明确设计目标。这些目标可以是性能指标、成本、体积、重量、可靠性等。在确定目标时，需要将抽象的设计要求转化为具体的、可衡量的指标，以便于分析和评估。

约束条件：优化设计需要在一定的约束条件下进行。约束条件可以是物理约束，如结构强度、刚度、稳定性等；也可以是性能约束，如材料属性、制造工艺、环境条件等。在确定约束条件时，需要充分考虑各种限制因素，并在优化过程中加以考虑。

数学模型：优化设计通常需要建立数学模型来描述问题。数学模型可以是解析表达式或数值模型，用于描述设计问题的本质和规律。通过数学模型，可以将设计问题转化为数学问题，以便于进行优化求解。

迭代优化：优化设计是一个迭代的过程。在每次迭代中，根据当前设计方案进行计算和分析，得到目标函数和约束条件的信息反馈。根据反馈信息，对设计方案进行调整和改进，不断逼近最优解。

局部和全局优化：优化设计既需要考虑局部优化，也需要考虑全局优化。局部优化关注单个变量或局部范围内的最优解，而全局优化则关注整个设计空间内的最优解。在实际设计中，需要结合具体情况进行权衡和选择。

稳健性优化：稳健性优化是一种综合考虑不确定因素和风险的设计方法。在优化设计中，需要考虑各种不确定性因素对设计方案的影响，并采取相应的措施来提高设计的稳健性。稳健性优化旨在寻求在不确定环境下具有更佳性能的设计方案。

多学科优化：在复杂系统中，各个学科之间相互关联和影响。多学科优化是一种综合考虑多个学科之间相互作用和影响的设计方法。它旨在寻求整个系统性能的最优解，而不仅仅是单个学科的最优解。多学科优化需要综合考虑多个学科之间的协同和竞争关系，以实现整体性能的提升。

智能优化：智能优化是一种利用人工智能技术进行自动优化的方法。它通过模拟人类智能的思维方式，借助计算机程序自动寻找最优解。智能优化方法包括遗传算法、粒子群算法、神经网络等。这些方法可以根据问题特点自适应地调整搜索策略和搜索空间，以更高效地寻找最优解。

鲁棒性优化：鲁棒性优化是一种以提高系统鲁棒性为主要目标的设计方法。鲁棒性是指系统在面对不确定性因素和干扰时的抵抗能力和适应能力。鲁棒性优化致力于寻找具有更高鲁棒性的设计方案，以提高系统在复杂环境中的适应性和稳定性。

绿色优化：绿色优化是一种注重环境保护和可持续发展的设计方法。在优化过程中，需要考虑设计方案对环境的影响，并采取相应的措施降低资源消耗、减少废弃物排放和提高再利用率。绿色优化旨在寻求经济效益和环境效益之间的平衡，推动可持续发展。

综上所述，优化设计是一种综合运用数学、计算机科学、工程知识和人工智能技术，以实现特定目标最优化的概念和方法。它在各个领域都有广泛的应用价值，为复杂问题的求解提供了有效的途径。

二、优化设计的实施步骤

优化设计的实施步骤通常包括以下几个阶段。

问题定义与分析：在实施优化设计之前，首先需要明确设计问题的定义和理解。这包括确定设计目标、约束条件、设计参数等。对问题进行深入的分析，了解问题的本质和特点，为后续的优化设计提供基础。

建立数学模型：将设计问题转化为数学模型是实施优化设计的重要步骤。通过建立数学模型，将设计问题中的变量、参数和关系用数学表达式进行描述。数学模型通常包括目标函数、约束条件和设计变量。

优化算法选择：根据设计问题的特点和要求，选择合适的优化算法。优化算法是求解优化问题的计算方法，常见的算法包括梯度下降法、牛顿法、遗传算法等。选择合适的算法需要考虑问题的复杂性、计算效率和求解精度等因素。

模型求解与优化：利用选定的优化算法对数学模型进行求解。这一步骤通常涉及迭代计算，不断调整设计方案以逼近最优解。在每次迭代过程中，根据当前设计方案进行计算和分析，获取目标函数和约束条件的反馈信息，对设计方案进行更新和改进。

结果评估与方案调整：在每次迭代后，对设计方案进行评估和比较。这包括对目标函数值的计算、约束条件的满足程度以及设计方案的其他性能指标进行综合评价。根据评估结果，对设计方案进行必要的调整和改进，以进一步逼近最优解。

重复迭代与收敛：重复执行步骤 4 和步骤 5，直到满足收敛条件或达到预设的迭代次数。收敛条件可以是目标函数值不再发生显著变化、设计方案已经满足所有约束条件或达到预设的精度要求等。

结果分析与应用：对最终获得的最优设计方案进行深入分析，评估其在实际应用中的可行性和优越性。根据分析结果，对最优设计方案进行必要的调整和改进，使其更符合实际应用的要求。

除了以上基本步骤，在实际的优化设计中，还可以根据需要采取以下辅助措施。

灵敏度分析：通过分析目标函数、约束条件和设计变量对最优解的影响程度，确定哪些参数对设计结果具有较大的灵敏度，从而在优化过程中重点关注这些参数，提高优化效率。

多目标优化：当设计问题涉及多个相互冲突的目标时，可以采用多目标优化方法。多目标优化旨在寻找同时满足多个目标函数最优解的设计方案，使各个目标之间达到平衡。常用的多目标优化方法包括遗传算法、粒子群算法等。

稳健性优化：针对不确定性因素和风险的影响，采取稳健性优化措施。稳健性优化旨在寻找在不确定环境下具有更佳性能的设计方案，提高系统的鲁棒性和适应性。常用的稳健性优化方法包括基于概率的优化方法、鲁棒性优化等。

多学科优化：在复杂系统中，各个学科之间相互关联和影响。采取多学科优化的方法综合考虑多个学科之间的相互作用和影响，以实现整体性能的最优解。多学科优化涉及多个学科之间的协同和竞争关系，需要建立跨学科的协作机制和信息交流平台。

智能优化：利用人工智能技术进行智能优化可以提高优化过程的效率和精度。常见的智能优化方法包括遗传算法、神经网络、模拟退火等。这些方法可以根据问题特点自适应地调整搜索策略和搜索空间，以更高效地寻找最优解。

参数化和自动化：将设计过程参数化和自动化可以提高优化过程的效率和精度。通过将设计变量、约束条件和目标函数等参数化，并借助计算机程序自动化地进行迭代计算和优化过程，可以减少人工干预和错误发生的风险。

验证与测试：对最优设计方案进行验证和测试是确保其可行性和优越性的

重要步骤。通过对最优设计方案进行实验验证或模拟测试，可以评估其在实际情况下的性能表现和鲁棒性，以及应对各种不确定因素的能力。

三、基于优化设计的成本控制方法

基于优化设计的成本控制方法是一种系统化的方法，旨在通过优化产品设计、工艺流程和生产计划等环节，实现企业成本的有效控制和整体效益的提升。

（一）基本原理

基于优化设计的成本控制方法主要基于以下原理：在产品设计、制造和销售等环节中，存在许多影响成本的变量和因素，如材料成本、人工成本、制造费用等。通过对这些变量和因素进行优化，可以降低成本、提高效率并实现整体效益的最大化。

（二）实施步骤

基于优化设计的成本控制方法通常包括以下几个实施步骤。

成本分析：对产品的整个生命周期进行成本分析，包括材料采购、生产制造、销售及售后服务等环节的成本进行详细梳理和核算。这一步骤有助于发现成本控制的潜在环节和可优化空间。

目标制定：根据企业战略和市场需求，制定具体的成本控制目标。目标应明确、具体、可衡量，并考虑产品的性能、质量、市场份额等因素。

方案设计：针对不同的成本控制环节，设计相应的优化方案。方案应结合实际情况，综合考虑技术可行性、经济合理性和生产可行性等因素。

方案实施：将优化方案付诸实践，并对实施过程进行监控和调整。这包括对材料采购、库存管理、生产计划、质量控制等环节进行优化。

效果评估：对优化方案的实际效果进行评估和反馈。通过对比优化前后的成本数据和经济效益，分析优化方案的实际效果，并对不足之处进行改进。

（三）应用案例

以某制造企业为例，该企业生产一种高精度零部件，由于市场竞争激烈，企业需不断降低成本以维持竞争优势。该企业采用基于优化设计的成本控制方法，具体实施如下。

成本分析：该企业对零部件的生命周期成本进行详细分析，发现原材料成本较高，占总成本的60%以上，而生产过程中的能耗和废品损失也较严重。此外，销售及售后服务的费用也需进一步降低。

目标制定：该企业制定具体的成本控制目标，包括降低原材料成本20%，减少能耗及废品损失15%，降低销售及售后服务费用10%。同时，确保产品质量不受影响。

方案设计：针对不同的成本控制环节，设计以下优化方案。

（1）原材料采购：通过集中采购和长期合同策略，降低原材料的采购成本。同时，对供应商进行定期评估和优化，确保原材料的质量和交货期。

（2）生产工艺优化：对生产工艺进行改进和优化，采用新型加工设备和工艺方法，提高生产效率及产品质量。同时，加强生产计划管理，合理安排生产批次和库存水平，降低能耗和废品损失。

（3）质量管理：建立完善的质量管理体系，对生产过程进行严格的质量监控和检验，确保产品质量符合要求。同时，加强与客户的沟通和协调，减少售后维修和投诉成本。

（4）销售及售后服务：对销售及售后服务流程进行优化，降低人员成本和运输费用。同时，加强与客户的沟通和联系，提高客户满意度和忠诚度。

方案实施：将上述优化方案付诸实践，并对实施过程进行监控和调整。企业成立专门的项目组，负责方案的推进和落实。在实施过程中，注重员工培训和教育，提高员工的成本控制意识和技能水平。

效果评估：经过一段时间的实施后，对优化方案的实际效果进行评估和反馈。通过对比优化前后的成本数据和经济效益发现，该企业的成本控制取得显著成效。原材料成本降低了25%，能耗及废品损失减少了18%，销售及售后服务的费用降低了15%。同时，产品质量得到了提升，客户满意度也有所提高，竞争力得到了进一步增强。该企业成功地降低了成本，提高了整体经济效益，实现了基于优化设计的成本控制目标。

四、优化设计的优缺点分析

优化设计的优缺点分析是基于优化设计的成本控制方法在实践应用中的表现进行的分析和总结。

（一）优点分析

降低成本：优化设计的主要目标之一是降低产品的生命周期成本。通过改进产品设计、工艺流程和生产计划等环节，可以显著降低产品的原材料成本、制造成本、销售及售后服务成本等。这种成本控制对于提高企业的整体经济效益具有重要意义。

提高效率：优化设计通过对生产流程、工艺方法和设备配置等进行优化，可以提高生产效率、缩短生产周期，从而加快产品的上市速度和交付周期。这有助于提高企业的市场响应速度和客户满意度，进而提升企业的竞争力。

提升质量：优化设计不仅关注成本，还注重产品的性能和质量。通过对产品设计、制造和检验等环节进行优化，可以提高产品的稳定性和可靠性，减少质量缺陷和故障率。这有助于提高客户对产品的满意度和信任度，为企业树立良好的品牌形象。

创新性：优化设计鼓励企业进行创新和改进，通过不断探索和尝试新的设计理念、工艺技术和材料等，可以推动企业的技术进步和产业升级。这有助于企业在激烈的市场竞争中保持领先地位，实现可持续发展。

系统性：优化设计是一种系统化的方法，它不仅关注单个环节或部门的优化，还注重整体协调和综合优化。通过对产品生命周期的各个阶段进行全面分析和优化，可以实现企业整体的成本控制和效益提升。

（二）缺点分析

投入成本高：优化设计需要投入一定的人力、物力和财力资源，包括专业设计人员、先进的设计软件和实验设备等。这些投入对于一些中小企业或资源有限的企业来说可能较高，可能会增加其运营成本。

技术要求高：优化设计需要具备一定的技术实力和经验积累，对于设计人员的要求较高。同时，随着技术的不断进步和市场需求的变化，企业需要不断更新和升级其技术水平以保持竞争优势。

实施周期长：优化设计方案的实施通常需要一定的时间周期，从方案制定到实施可能涉及多个部门和环节的协调与配合。这可能需要企业具备较高的组织能力和协调能力，以确保方案顺利实施。

风险较高：优化设计过程中可能存在一定的风险，如设计方案存在缺陷或不合理之处，可能导致产品性能下降或无法满足市场需求。此外，市场变化或政策调整也可能导致原有设计方案失效，从而增加企业的风险。

对企业战略影响大：优化设计不仅是对产品的优化，还可能涉及企业战略的调整和改变。如果企业没有充分考虑其长期发展战略和市场需求，可能只关注短期成本的降低而忽略了企业的长期竞争力和可持续发展。

（三）应对策略

针对以上缺点分析，企业可以采取以下应对策略。

合理规划投入：企业在实施优化设计时，应根据自身实际情况和发展需求，合理规划投入资源。可以通过与合作伙伴共同分担投入成本，降低单个企业的负担。

加强技术研发和能力提升：企业应注重技术研发和能力提升，培养专业人才队伍，提高设计人员的技术水平和创新能力。同时，关注行业发展趋势和市场需求变化，及时更新和升级技术水平。

建立高效协作机制：企业应建立高效协作机制，促进各部门之间的沟通与配合，确保优化设计方案顺利实施。同时，加强与供应商、客户等合作伙伴的沟通与协作，实现整体协调优化。

制定风险防范措施：企业应充分评估优化设计过程中可能存在的风险因素，制定相应的风险防范措施。例如进行设计方案的多方案比选、加强与客户的沟通反馈、及时调整设计方案等措施来降低风险。

结合企业战略实施优化设计：企业在实施优化设计时，应充分考虑企业的长期发展战略和市场需求变化，确保优化设计与企业战略目标保持一致。同时，关注行业的未来发展趋势和竞争格局变化，为企业制定长远的发展规划和战略布局提供支持。

五、优化设计的案例分析

优化设计是一种基于数学模型和计算机技术的优化方法,广泛应用于各种领域,包括机械设计、电子设计、金融分析等。下面以机械设计领域的优化设计案例进行分析。

（一）案例介绍

某机械制造企业需要设计一款新型的齿轮减速器,要求在满足强度和性能的前提下,尽可能降低产品的重量和成本。为了实现这一目标,企业采用优化设计方法进行齿轮减速器的优化设计。

（二）案例分析

1.建立数学模型

首先,需要建立齿轮减速器的数学模型。该模型包括齿轮的几何参数、材料属性、传动载荷等参数。根据设计目标和约束条件,建立优化设计的数学模型,如式（1）所示。

$$\text{minimize } f(x)=C(x)+W(x) \quad (1)$$

其中,$C(x)$为齿轮减速器的制造成本函数,$W(x)$为齿轮减速器的重量函数。

2.约束条件

在优化设计中,需要设置一些约束条件,以确保设计方案满足实际需求。在本案例中,需要满足以下约束条件。

（1）齿轮传动的扭矩 T 和转速 n 应满足实际工况要求。

（2）齿轮的弯曲强度应大于等于许用弯曲强度。

（3）齿轮的接触强度应大于等于许用接触强度。

（4）齿轮减速器的体积应小于等于预设的最大体积。

3.优化算法选择

在本案例中,选择遗传算法作为优化算法。遗传算法是一种基于生物进化原理的优化算法,适用于解决复杂的、非线性优化问题。

4.优化过程

在遗传算法的支持下,对齿轮减速器进行优化设计。通过对齿轮的几何参数、材料属性、传动载荷等参数进行不断迭代和优化,最终得到满足目标要求的最优解。

5.结果分析

经过优化设计后,得到的齿轮减速器设计方案在满足强度和性能的前提下,比原方案重量降低了10%,制造成本也相应减少。同时,该设计方案还具有更好的传动性能和更小的体积,为企业节约了成本,提高了市场竞争力。

（三）案例总结

本案例通过采用优化设计方法对齿轮减速器进行优化设计,得到了满足强度和性能要求的最优解。该最优解不仅降低了产品的重量和成本,还提高了产品的性能和市场竞争力。本案例的成功经验可以归纳如下。

建立正确的数学模型是优化设计的前提条件。在该案例中,通过建立齿轮减速器的数学模型,将强度、性能、制造成本等参数集成到一个数学模型中,为后续的优化设计提供了基础。

合理的约束条件是保证优化设计成功的重要因素。在该案例中,通过对齿轮传动的扭矩、转速、弯曲强度、接触强度以及体积等参数进行约束,保证了优化设计方案满足实际需求。

选择合适的优化算法是实现优化设计的关键步骤。在本案例中,选择遗传算法作为优化算法,能够快速找到最优解。

优化设计是一个反复迭代的过程。在该案例中,通过对齿轮减速器的参数进行不断迭代和优化,最终得到满足目标要求的最优解。

优化设计可以提高产品的整体性能和市场竞争力。在该案例中,通过优化设计得到的齿轮减速器具有更好的传动性能和更小的体积,为企业节约了成本,提高了市场竞争力。

第五节　可行性研究及其成本控制方案

一、可行性研究的概念与原则

可行性研究是一种针对特定项目或投资计划的详细分析方法,旨在确定项目是否具有技术、经济、社会和环境方面的可行性。可行性研究是在项目建议书的基础上，对项目的潜在价值和风险进行全面的分析和评估，以决定是否应该进一步推进该项目。

（一）可行性研究的概念

可行性研究是一种系统性的分析方法，对项目的实施方案、技术手段、经济效益、社会影响以及风险因素进行深入调查和研究。其主要目的是评估项目是否具有可行性和投资价值，并为决策者提供全面的信息支持。

可行性研究的核心是通过对项目的主要影响因素进行定量和定性分析，包括市场需求、技术水平、资源条件、环境因素等，以确定项目的实施是否符合预期目标，并得出是否应该继续进行或放弃该项目的结论。

（二）可行性研究的原则

客观性原则：可行性研究必须以客观事实为基础，对项目的可行性进行实事求是的评估。研究过程中应尽可能避免主观臆断和偏见，以保证研究的公正性和客观性。

科学性原则：可行性研究应采用科学的方法和工具，对项目进行全面的调查和分析。在研究过程中，应遵循科学的研究方法和程序，以得出科学、准确的研究结果。

系统性原则：可行性研究需要对项目的各个要素进行全面、系统的分析，包括技术、经济、社会、环境等方面。研究中应注重各要素之间的相互关系和影响，以得出全面的评估结果。

实用性原则：可行性研究应以实际应用为出发点，对项目的实用性和可操作性进行充分考虑。研究过程中应关注项目的实际需求和实施条件，以确保研究结果具有实用价值。

风险控制原则：可行性研究应对项目实施过程中可能出现的风险进行预测和分析，并提出相应的风险控制措施。在评估风险时，应充分考虑各种不确定因素和可能出现的意外情况，以确保项目实施的安全性和稳定性。

可持续性原则：可行性研究应关注项目的可持续发展性，考虑项目实施对环境、经济和社会的影响。在评估过程中，应对项目的资源利用、环境保护、社会公平等方面进行综合分析，以确保项目实施与可持续发展目标相一致。

综合评价原则：可行性研究应对项目的各种因素进行综合评价，不仅关注项目的经济效益，还要考虑社会效益、环境影响等因素。在评估过程中，应权衡各种因素之间的关系，以得出综合性的评价结果。

以人为本原则：可行性研究应将人的需求放在首位，考虑项目实施对人们的生活、工作和健康等方面的影响。在评估过程中，应关注人们的利益和福祉，以确保项目实施符合人们的期望和需求。

信息真实性原则：可行性研究依赖于准确的信息。研究人员应尽可能收集真实、可靠的信息，并对其进行严格的核实和筛选。在信息不完整或存在不确定因素的情况下，研究人员应进行合理的假设和推测，以确保研究的准确性。

独立性原则：可行性研究应由独立的第三方进行，尽量避免利益冲突和偏见。研究人员应保持中立和公正的态度，不受任何外部干扰和压力的影响，以确保研究的独立性和公正性。

二、可行性研究的实施步骤

可行性研究的实施步骤是进行全面分析和评估项目可行性的重要过程。以下是可行性研究的一般实施步骤。

（一）项目定义与背景分析

项目定义：明确研究项目的范围、目标、内容、时间等基本信息。

项目背景分析：收集与项目相关的背景资料，了解项目的历史、现状以及未来发展趋势。

（二）市场需求分析

市场需求调查：通过问卷、访谈等方式，了解目标市场的需求情况。

市场竞争分析：分析目标市场的竞争格局，评估项目的市场竞争力。

市场份额预测：根据市场需求和竞争情况，预测项目在未来市场中的份额。

（三）技术可行性分析

技术调查：了解项目所涉及的技术领域的发展动态和趋势。

技术方案评估：对项目的技术方案进行评估，包括技术的先进性、适用性、可靠性等。

技术风险分析：分析项目实施过程中可能遇到的技术风险，并提出相应的应对措施。

（四）经济可行性分析

成本估算：对项目的实施成本进行详细估算，包括人力、物力、财力等方面的投入。

收益预测：根据市场需求和项目特点，预测项目的收益情况。

投资回报期分析：计算项目的投资回报期，评估项目的投资风险和经济效益。

（五）社会可行性分析

社会影响评估：评估项目实施对社会的影响，包括对环境、经济、文化等方面的影响。

社会效益预测：预测项目的社会效益，如就业机会、税收贡献等。

公众参与：开展公众参与活动，了解公众对项目的态度和意见，评估项目的社会接受度。

（六）风险评估与应对措施制定

风险识别：识别项目实施过程中可能出现的风险和不确定性因素。

风险评估：对识别的风险进行评估，包括风险发生的概率、影响程度等。

制定应对措施：针对不同的风险因素，制定相应的应对措施，包括风险规避、减轻、转移等。

（七）综合评价与决策建议

综合评价：对项目的经济、技术、社会等方面进行综合评价，得出全面的评估结果。

决策建议：根据综合评价结果，提出相应的决策建议，包括是否继续推进该项目以及具体的实施方案等。

（八）报告撰写与汇报

研究报告撰写：将上述分析过程和结果整理成可行性研究报告，清晰地阐述项目的可行性以及各项评估指标。

研究报告汇报：向决策者或相关利益方汇报可行性研究结果，以供决策参考。

同时，根据汇报过程中的讨论和反馈，对研究报告进行进一步的完善和优化。

（九）后续跟踪与评估

后续跟踪：在项目实施过程中，对项目的进展情况进行定期跟踪，及时发现并解决实施过程中的问题。

项目评估：在项目实施完成后，对项目的实际效果进行评估，对比预期目标与实际结果的差异，总结经验教训，为今后的可行性研究提供参考。

三、基于可行性研究的成本控制方法

基于可行性研究的成本控制方法是一种系统性的管理策略，旨在通过全面评估项目的可行性，制定合理的成本控制措施，以实现项目成本的有效管理和优化。以下是基于可行性研究的成本控制方法的实施步骤。

（一）明确项目成本目标

在可行性研究阶段，首先需要明确项目的成本目标。这个目标应该基于市场需求、技术可行性、经济可行性等方面的分析，同时考虑项目的投资回报期和风险控制等因素。通过明确成本目标，可以为后续的成本控制提供明确的方向和目标。

（二）制订项目成本控制计划

在明确项目成本目标之后，需要制订项目成本控制计划。这个计划应该包括项目的整个实施过程，包括人力、物力、财力等方面的投入。在制定成本控制计划时，需要考虑以下几点。

合理预测项目成本：根据市场需求、技术方案、经济可行性等方面的分析，合理预测项目的成本，为后续的成本控制提供依据。

制订预算计划：根据预测的项目成本，制定详细的预算计划，包括各项费用的预算和支出计划。

制定成本控制指标：根据项目的实际情况和特点，制定具体的成本控制指标，如单位成本、材料消耗等。

制定奖惩措施：为激励项目成员积极参与成本控制，可以制定相应的奖惩措施，如对节约成本的团队或个人给予奖励，对超出预算的成本进行惩罚等。

（三）实施成本控制措施

在项目实施过程中，需要采取一系列成本控制措施，以确保项目成本控制在预算范围内。以下是实施成本控制措施的几点建议。

实施成本跟踪与监控：通过建立成本跟踪与监控体系，实时掌握项目成本的动态情况，及时发现并解决成本超支等问题。

落实预算执行情况：定期对项目的预算执行情况进行检查和评估，确保各项费用支出符合预算计划。

实施成本优化措施：根据实际情况，对项目成本进行优化，如通过改进工艺流程、降低材料消耗等方式来降低成本。

合理调整预算计划：在项目实施过程中，可能会遇到实际情况与预算计划不符的情况，这时需要根据实际情况对预算计划进行合理调整。

加强风险管理：针对可能出现的风险因素，制定相应的应对措施，以降低风险对项目成本的影响。

（四）开展成本效益分析

在项目实施过程中，需要定期开展成本效益分析，以评估项目的经济效益和社会效益。通过成本效益分析，可以及时发现并解决项目实施过程中存在的问题和瓶颈，为项目的顺利实施提供保障。同时，也可以根据实际情况对项目的成本目标和预算计划进行调整和优化。

（五）总结经验教训

在项目实施完成后，需要对项目的成本进行总结和分析，总结经验教训。通过对项目成本的总结和分析，可以进一步优化成本控制措施和方法，提高企业的成本控制能力和管理水平。同时，也可以为其他类似项目提供参考和借鉴。

四、可行性研究的优缺点分析

可行性研究是一种系统性的研究方法，用于评估一个项目或方案的可行性。它涉及对各种因素的全面考虑，包括市场需求、技术可行性、经济可行性、社会影响等。通过可行性研究，可以为企业决策提供重要的依据，但在实际应用中，它也存在一些优缺点。

（一）优点

系统性：可行性研究是一种系统性的研究方法，它涉及对项目的各个方面进行全面的分析和评估。这有助于确保项目在实施过程中能够顺利进行，降低风险和不确定性。

科学性：可行性研究采用科学的方法和工具，对项目的市场需求、技术方案、经济可行性等方面进行客观的分析和评估。这有助于提高决策的科学性和准确性。

预见性：通过可行性研究，可以对项目的未来发展进行预测和预见，从而更好地应对市场变化和风险。

综合性：可行性研究不仅关注项目的经济效益，还考虑了社会、环境等多方面的因素。这有助于实现项目的综合效益最大化。

指导性：可行性研究可以为项目的设计、规划、实施等提供指导和建议，从而避免一些不必要的错误和风险。

（二）缺点

耗时较长：可行性研究需要投入大量的人力和物力资源，并且需要进行深入的市场调研和技术研究等工作，因此耗时较长。

成本较高：由于可行性研究需要进行多方面的分析和评估，需要投入大量的人力、物力、财力等资源，因此成本较高。

主观性：可行性研究涉及对市场、技术等方面的分析和评估，而这些因素往往存在一定的不确定性。因此，分析结果可能存在一定的主观性和误差。

无法完全预测未来：尽管可行性研究可以对项目的未来发展进行预测和预见，但未来市场和技术等方面的不确定性仍然存在，因此无法完全预测未来。

决策者偏好影响：可行性研究的结论可能受到决策者的偏好和意见影响，从而影响决策的科学性和准确性。

（三）改进措施

为了提高可行性研究的准确性和实用性，可以采取以下改进措施。

加强市场调研和技术研究：在进行可行性研究时，需要加强市场调研和技术研究，了解市场需求和技术的最新动态和发展趋势。这样可以提高分析结果的准确性和科学性。

采用多种分析方法：在进行可行性研究时，可以采用多种分析方法，如定量分析和定性分析相结合、对比分析和综合分析相结合等。这样可以提高分析结果的全面性和综合性。

引入专家意见：在进行可行性研究时，可以引入相关领域的专家意见和建议，从而降低主观性和误差。

加强沟通和协作：在进行可行性研究时，需要加强团队成员之间的沟通和协作，确保分析结果的准确性和一致性。

强化风险管理：在进行可行性研究时，需要加强风险管理，对可能出现的不确定因素进行预测和评估，并制定相应的应对措施。

五、可行性研究的案例分析

可行性研究案例分析是一个通过对特定项目或方案的可行性进行深入评估和分析的过程。以下是一个可行性研究的案例分析。

（一）背景介绍

某城市计划建设一个新的商业中心，以提高城市的经济发展和就业机会。该商业中心包括购物中心、办公楼、酒店和住宅等设施。为了确保该项目的成功实施，该城市决定进行可行性研究，以评估该项目的市场潜力、技术可行性和经济可行性。

（二）市场分析

该项目的市场潜力进行了评估和分析。通过调查该地区的消费者需求、消费水平和竞争状况等因素，研究发现该地区具有较高的商业发展潜力。同时，该地区的人口增长和经济发展也支持了这一结论。

（三）技术可行性分析

该项目的技术可行性进行了评估和分析。通过调查现有的技术条件和资源，研究发现该项目的技术实施难度较低，并且现有的技术条件和资源可以满足项目需求。同时，该项目也可以借鉴其他类似项目的成功经验和技术，以确保技术的可行性和可靠性。

（四）经济可行性分析

该项目的经济可行性进行了评估和分析。通过计算项目的投资回报率、收益成本比等指标，研究发现该项目的经济效益较高，并且具有较好的投资前景。同时，该项目也可以带动该地区的经济发展和就业机会，为社会带来更多的福利和效益。

（五）结论与建议

综合以上分析结果，该项目的市场潜力、技术可行性和经济可行性均得到了较好的评估和验证。因此，该项目是可行的，并且具有较好的投资前景和发展潜力。同时，为了确保该项目的成功实施，提出以下建议。

（1）加强项目管理，确保项目按时完成和质量达标。

（2）加强市场营销和推广，提高项目的知名度和竞争力。

（3）加强与当地政府和社区的沟通和协作，确保项目的顺利实施和社会效益的最大化。

（4）不断关注市场变化和技术更新，及时调整项目策略和方案，保持项目的先进性和可持续性。

（六）未来展望与风险控制

在未来实施过程中，需要继续关注市场变化和技术更新，及时调整项目策略和方案。同时，为了确保项目的成功实施和控制风险，需要加强以下方面的工作。

（1）建立健全的项目管理制度和体系，确保项目各项工作的有序进行。

（2）加强项目的成本管理和控制，避免出现不必要的浪费和支出。

（3）加强项目的进度管理和控制，确保项目按时完成并达到预期效果。

（4）加强项目的质量管理和管理，确保项目的质量和安全符合标准要求。

（5）加强与当地政府和社区的沟通和协作，建立良好的社会关系和形象。

第八章 招投标的成本控制

第一节 基于招投标阶段的成本控制概述

一、招投标阶段成本控制的重要性

招投标阶段是工程项目建设的重要阶段之一,也是成本控制的重要环节。在这个阶段,通过合理的招投标策略和严格的成本控制措施,可以有效地降低工程成本,提高项目的效益和质量。

（一）实现项目效益最大化

在工程项目建设中,成本控制是实现项目效益最大化的关键。招投标阶段是确定工程合同价款、工期、质量等核心要素的重要环节,也是控制成本的关键阶段。在这个阶段,通过合理的成本控制措施,可以有效地降低工程成本,提高项目的效益和质量。例如,在招标文件中对材料设备的质量、性能、规格、品牌等方面提出明确的要求,可以有效地避免后期因材料设备质量问题而导致的工程变更和成本增加。

（二）预防成本超支和浪费

在工程项目建设中,成本超支和浪费是经常出现的问题。招投标阶段是确定工程合同价款的重要环节,如果合同价款过高或过低,都会导致后期成本超支或浪费。因此,在招投标阶段进行严格的成本控制,可以有效地预防成本超支和浪费。例如,在招标文件中对材料设备的采购、运输、保管等方面提出明确的要求,可以有效地避免后期因材料设备管理不善而导致的浪费和损失。

（三）提高工程质量

在工程项目建设中,成本控制和工程质量是相互关联的。如果在招投标阶段没有进行严格的成本控制,可能会导致后期工程质量下降或存在安全隐患。

相反，如果在招投标阶段进行了严格的成本控制，可以有效地降低工程成本，同时也可以提高工程质量。例如，在招标文件中对材料设备的性能、规格、品牌等方面提出明确的要求，可以有效地保证材料设备的质量和安全性，从而提高工程质量。

（四）增强企业竞争力

在工程项目建设中，成本控制是企业竞争力的重要体现之一。通过在招投标阶段进行严格的成本控制，可以有效地降低工程成本，提高企业的效益和竞争力。同时，在招投标过程中，合理的成本控制措施也可以体现企业的专业能力和管理水平，从而增强企业在市场上的竞争力。例如，在招标过程中通过合理的报价和优质的服务，可以赢得业主或投资方的信任和认可，从而获得更多的工程项目机会。

（五）实现可持续发展

在工程项目建设中，成本控制和可持续发展是相互关联的。如果在招投标阶段没有进行严格的成本控制，可能会导致后期工程建设对环境和社会造成不良影响。相反，如果在招投标阶段进行了严格的成本控制，可以有效地降低工程成本，同时也可以实现可持续发展目标。例如，在招标文件中对环境保护、资源利用等方面提出明确的要求，可以有效地保证工程建设符合环保和资源利用的可持续发展要求。

二、招投标流程及其对成本控制的影响

招投标流程是工程项目建设中的重要环节之一，它规定了工程项目招标的程序和要求，对于成本控制有着重要的影响。

（一）招投标流程

1.招标文件编制

招标文件是工程项目招标的纲领性文件，它规定了招标的程序和要求，以及投标人的资格要求、技术要求、商务要求等。在招标文件编制阶段，需要对工程项目的建设内容、建设规模、建设标准、材料设备要求等方面进行明确的规定，以确保招标的顺利进行。

2.发布招标公告

发布招标公告是工程项目招标的第一个环节，其目的是告知潜在的投标人有关工程项目的信息，以便潜在投标人了解工程项目的具体情况并决定是否参与投标。招标公告应发布在官方指定的媒体上，并确保公告内容真实、准确、完整。

3.投标人资格预审

投标人资格预审是工程项目招标的第二个环节，其目的是对潜在投标人的资格进行审查，以确保只有符合要求的投标人参与投标。在资格预审阶段，需要对潜在投标人的资质、业绩、技术水平、财务状况等方面进行严格的审查，以确保其具备承担工程项目的能力和条件。

4.发放招标文件

发放招标文件是工程项目招标的第三个环节，其目的是将招标文件发放给通过资格预审的潜在投标人，以便潜在投标人了解工程项目的具体情况并决定是否参与投标。招标文件应包括工程项目的建设内容、建设规模、建设标准、材料设备要求、投标文件编制要求等方面内容。

5.投标文件编制与递交

投标文件编制与递交是工程项目招标的第四个环节，其目的是由潜在投标人根据招标文件的要求编制投标文件，并在规定的时间内递交投标文件。投标文件应包括工程项目的建设方案、技术方案、商务方案等内容，以及潜在投标人的资质、业绩、技术水平、财务状况等方面的情况介绍。

6.开标与评标

开标与评标是工程项目招标的第五个环节，其目的是对投标文件进行公开开标和评标，以便确定中标人和签订合同。在开标阶段，应按照招标文件的规定进行公开开标，并对投标文件进行初步评审和详细评审。在评标阶段，应对投标文件进行技术评审、商务评审和其他方面的综合评估，并确定中标候选人。

7.中标公示与合同签订

中标公示与合同签订是工程项目招标的最后一个环节，其目的是对中标候选人进行公示，并签订工程合同。中标公示应发布在官方指定的媒体上，并告知中标人和未中标人有关中标结果的情况。在合同签订阶段，应根据招标文件的规定和中标结果签订工程合同，确保工程项目的建设内容和质量标准得到落实。

（二）招投标流程对成本控制的影响

1.影响工程成本

招投标流程对于工程成本有着重要的影响。在招标文件编制阶段，需要对工程项目的建设内容、建设规模、建设标准、材料设备要求等方面进行明确的规定，这直接影响了后期工程建设过程中的成本支出。例如，如果招标文件中对材料设备的规格和质量要求过高，会导致后期工程建设中材料设备的采购成本增加。因此，在编制招标文件时需要充分考虑工程项目的实际情况和需求，制定合理的建设标准和材料设备要求，以降低工程成本。

2.影响工程进度

招投标流程对于工程进度也有着重要的影响。如果招投标流程过于烦琐或存在不规范的情况，会导致招投标周期过长或出现纠纷等问题，从而影响后期工程建设进度的正常进行。因此，在制定招投标流程时需要充分考虑各方面的因素，包括工程项目的实际情况、市场情况、政策法规等，以制定科学合理的招投标流程，确保后期工程建设进度的顺利进行。

三、基于招投标阶段的成本控制策略

（一）招标文件编制

招标文件是工程项目招标的纲领性文件，它规定了招标的程序和要求，对于成本控制有着重要的影响。在编制招标文件时，应该注意以下几点。

明确工程项目的建设内容、建设规模、建设标准、材料设备要求等，以便对投标人的资格和技术方案进行评估。

合理设定投标人的资格要求，包括资质、业绩、技术水平、财务状况等，避免低资质或无资质的投标人参与投标，确保投标人的能力和信誉。

制定合理的评标标准和程序，以便对投标文件进行评估和比较，选择最优的投标方案。

在招标文件中明确工程项目的成本预算和投资计划，以便对工程项目的成本进行初步估算和控制。

（二）投标文件编制与报价

投标文件是潜在投标人向招标人提交的有关工程项目的方案、技术、商务等内容的文件，报价是投标文件的重要组成部分。在编制投标文件和报价时，应该注意以下几点。

针对工程项目的实际情况和需求，制定合理的施工方案和技术措施，并对所需材料和设备进行合理的选型和采购计划。

根据市场情况和自身实力，制定合理的报价策略，考虑到风险和利润等因素，确定投标报价。

在投标文件中明确工期、质量、安全等方面的要求，以便在实施过程中进行监督和控制。

对招标文件中不明确或遗漏的问题，及时与招标人进行沟通和协商，确保投标文件的准确性和完整性。

（三）合同签订与管理

合同是工程项目实施的基础和依据，合同签订和管理对于成本控制有着重要的影响。在合同签订和管理时，应该注意以下几点。

合同条款要明确、具体、完整，包括工程范围、建设标准、材料设备要求、工期、质量、安全等方面的要求，避免后期出现纠纷和索赔问题。

合理设定合同价格和支付方式，考虑到风险和利润等因素，确保合同价格的合理性和公平性。

加强合同执行过程中的监督和管理，确保工程项目的进度和质量符合合同要求，及时处理和解决合同履行过程中出现的问题。

建立健全的合同管理制度和台账，及时进行合同结算和清理工作，避免出现遗漏和纠纷问题。

基于招投标阶段的成本控制策略是工程项目建设过程中非常重要的环节之一。在招投标阶段进行成本控制，可以有效地降低工程成本、提高工程质量、缩短建设周期。为了更好地实现招投标阶段的成本控制，建议以下几点。

加强法律法规的学习和遵守，规范招投标程序和行为，防止出现不正当竞争问题。

加强市场调研和分析，了解材料设备价格和市场趋势等信息，以便在招标文件编制和报价中进行合理的估算和控制。

加强与招标人、评标人等相关方的沟通和协调，确保招投标工作的顺利进行和实施效果的达成。

加强自身管理能力的提升和专业素质的培养，提高招投标工作的质量和效率，为工程项目建设提供更好的服务和保障。

四、招投标阶段成本控制的风险与防范

（一）投标人恶意低价竞标的风险与防范

在招投标阶段，一些投标人为了获得工程项目，可能会采取恶意低价竞标的策略。这种行为可能导致工程项目建设过程中的偷工减料、工期延误等问题，从而增加工程项目的成本。为了防范这种风险，应该采取以下措施。

加强对投标人的资格审查和信誉评估。在招标文件中明确对投标人的资格要求和信誉评估标准，对不符合要求的投标人进行排除，减少恶意低价竞标的可能性。

制定合理的评标标准和程序。在评标过程中，应该综合考虑投标人的报价、技术方案、工期、质量等因素，避免单纯以价格为唯一标准。

在合同中约定相应的条款和处罚措施。在合同中明确对恶意低价竞标的处罚措施和违约责任，一旦发现投标人存在恶意低价竞标的行为，可以依据合同约定对其进行处罚和索赔。

（二）中标人违约的风险与防范

在招投标阶段，中标人可能会因为各种原因而违约，如资金不足、技术力量不足等，这些因素可能导致工程项目无法顺利进行，从而增加工程项目的成本。为了防范这种风险，应该采取以下措施。

对中标人进行严格的资格审查和信誉评估。在选择中标人之前，应该对中标人的资格、技术水平、财务状况等进行全面了解和评估，确保中标人有能力履行合同义务。

在合同中约定相应的违约责任和处罚措施。在合同中明确对违约行为的处罚措施和违约责任，一旦发现中标人存在违约行为，可以依据合同约定对其进行处罚和索赔。

加强合同执行过程中的监督和管理。在合同执行过程中，应该加强对中标人的监督和管理，确保其按照合同约定履行义务。同时，及时解决合同履行过程中出现的问题和纠纷。

（三）市场波动的风险与防范

在招投标阶段，市场价格波动可能会对工程项目的成本产生影响。市场价格的波动可能导致原材料价格的上涨或下跌，从而影响工程项目的成本。为了防范这种风险，应该采取以下措施。

加强对市场价格的监测和分析。在招投标阶段，应该加强对市场价格的监测和分析，及时了解市场价格的波动情况，以便在招标文件编制和报价中进行合理的估算和控制。

制定合理的报价策略和风险控制措施。在报价过程中，应该考虑到市场价格的波动因素，制定合理的报价策略和风险控制措施。例如，可以对原材料进行期货交易或套期保值等操作，以降低市场价格波动对工程项目成本的影响。

在合同中约定相应的风险转移措施和调价机制。在合同中明确对市场价格波动的处理措施和调价机制，一旦发现市场价格波动超过一定范围，可以按照合同约定进行调整和索赔。

第二节 基于招投标阶段的成本控制实务

一、招标文件的编制与成本控制

招标文件是工程项目建设过程中的重要文件之一，是招标方对投标方进行招标的依据和标准。编制一份科学、合理、规范的招标文件对于控制工程项目成本具有重要意义。

（一）招标文件编制的原则和要求

招标文件的编制应该遵循科学、合理、规范的原则，同时要符合国家法律法规和相关规定的要求。具体来说，招标文件的编制应该符合以下要求。

内容全面、准确。招标文件应该包括工程项目的建设范围、质量标准、价格条款、工期等重要内容，并且要确保这些内容准确无误，避免歧义和误解。

规范、标准化。招标文件应该采用规范、标准化的格式和用语，确保文件的可读性和可操作性。同时，要避免出现违反法律法规和相关规定的内容。

详细、清晰。招标文件应该对工程项目的建设过程进行全面、详细的描述，包括技术要求、材料要求、施工要求等，以确保投标方能够全面了解工程项目的实际情况。

（二）招标文件编制与成本控制的关系

招标文件的编制与成本控制之间存在着密切的联系。在招标文件的编制过程中，需要考虑工程项目的成本因素，同时也要考虑到投标方的实际情况和能力。具体来说，招标文件编制与成本控制的关系表现在以下几个方面。

明确工程项目的成本构成。在招标文件中，应该明确工程项目的成本构成，包括直接成本和间接成本。直接成本包括原材料成本、人工成本、设备租赁成本等；间接成本包括管理费用、财务费用、税费等。通过明确成本构成，可以为投标方提供明确的报价依据，同时也便于建设方对工程项目的成本进行监控和管理。

设定合理的质量标准和价格条款。在招标文件中，应该设定合理的质量标准和价格条款，以确保工程项目的质量和成本可控。质量标准应该根据工程项目的实际需求和建设方的要求进行设定，避免过高或过低的质量标准导致成本增加或质量不达标。价格条款应该公平合理，考虑到投标方的合理利润和实际情况，避免过低的价格导致投标方偷工减料或无法履约。

约定合理的工期和付款方式。在招标文件中，应该约定合理的工期和付款方式，以确保工程项目的顺利进行和建设方的资金安全。工期应该根据工程项目的实际情况进行设定，避免过短的工期导致投标方无法按时完成或质量下降。付款方式应该公平合理，考虑到建设方和投标方的实际情况，避免过苛刻的付款条件导致投标方无法承受或影响履约。

设定合理的风险转移条款。在招标文件中，应该设定合理的风险转移条款，明确建设方和投标方之间的风险分担和责任划分。合理的风险转移条款可以降低因不可抗力事件导致的成本增加和损失，保障建设方和投标方的利益。

（三）通过招标文件编制控制成本的措施

通过科学、合理、规范的招标文件编制，可以有效地控制工程项目的成本。具体来说，可以通过以下措施控制成本。

强化对投标方的资格审查和信誉评估。在编制招标文件时，应该加强对投标方的资格审查和信誉评估，包括企业资质、业绩、技术力量、财务状况等。通过严格的资格审查和信誉评估，可以筛选出有实力、有信誉的投标方参与竞标，降低因恶意低价竞标导致成本失控的风险。

制定合理的评标标准和程序。在编制招标文件时，应该制定合理的评标标准和程序，综合考虑投标方的报价、技术方案、工期、质量等因素，避免单纯以价格为唯一标准。合理的评标标准和程序可以引导投标方进行全面综合的报价和方案制定，降低因单纯追求低价导致的成本增加和质量下降的风险。

约定严格的合同条款和违约责任。在编制招标文件时，应该在合同中约定严格的合同条款和违约责任，对投标方的履约行为进行约束和管理。严格的合同条款和违约责任可以降低因投标方违约导致成本增加和质量下降的风险，保障建设方的利益。

设定合理的材料设备和调价机制。在编制招标文件时，应该设定合理的材料设备和调价机制，考虑到市场价格的波动因素。合理的材料设备和调价机制可以降低因市场价格波动导致成本增加的风险，保障建设方和投标方的利益。

加强合同执行过程中的监督和管理。在合同执行过程中，应该加强对中标方的监督和管理，确保其按照合同约定履行义务。同时及时解决合同履行过程中出现的问题和纠纷，降低因管理不善导致成本增加和质量下降的风险，保障建设方的利益。

二、投标文件的评审与成本控制

投标文件的评审是工程项目建设过程中一个非常重要的环节，它关系到建设方对投标方的选择和成本控制。

（一）投标文件评审的内容和要求

投标文件的评审是对投标方提交的投标文件进行审查、评估和比较的过程。评审的主要内容包括技术方案、施工组织、工期安排、报价等。在评审过程中，建设方需要考虑以下要求。

技术方案的可行性和先进性。建设方应该对投标方提出的技术方案进行评估，包括技术的可行性和先进性、与工程项目的匹配度等。技术方案应该能够满足工程项目的实际需求，同时具有创新性和可靠性。

施工组织的合理性和可行性。建设方应该对投标方的施工组织进行评估，包括施工流程、施工计划、施工质量保证等。施工组织应该合理可行，能够满足工程项目的进度和质量要求。

工期安排的合理性和可行性。建设方应该对投标方的工期安排进行评估，包括工期、施工进度计划等。工期安排应该合理可行，能够满足工程项目的实际需求，同时考虑到自然因素和其他风险因素的影响。

报价的合理性和竞争性。建设方应该对投标方的报价进行评估，包括报价的合理性、竞争性等。报价应该与技术方案和施工组织相匹配，同时考虑到材料设备市场价格的变化因素。

（二）投标文件评审与成本控制的关系

投标文件的评审与成本控制之间存在着密切的联系。在投标文件评审过程中，需要考虑工程项目的成本因素，同时也要考虑到投标方的实际情况和能力。具体来说，投标文件评审与成本控制的关系表现在以下几个方面。

报价的评审是成本控制的关键。在投标文件评审中，报价的评审是至关重要的一个环节。建设方应该对投标方的报价进行全面的分析和比较，以确定合理的报价范围。同时，需要对报价进行分解和细化，以便更好地评估报价的合理性和竞争性。通过报价的评审，可以筛选出报价合理且具有竞争力的投标方，为成本控制打下基础。

技术方案和施工组织的评审是成本控制的重点。技术方案和施工组织的评审是投标文件评审的重要内容之一。通过对技术方案和施工组织的评估，可以确定其可行性和合理性，从而避免因技术方案或施工组织不当导致的成本增加和损失。此外，通过对技术方案和施工组织的评审，还可以发现其中可能存在的风险因素，以便采取相应的措施进行风险控制和转移。

工期安排的评审是成本控制的重要组成部分。工期安排的评审是投标文件评审的重要环节之一。通过对工期安排的评估，可以确定其合理性和可行性，避免因工期过紧或过松导致的成本增加和质量下降。合理的工期安排可以保障工程项目的顺利进行和质量要求的实现，从而降低因工期延误或提前导致的成本增加和损失。

综合评估与成本控制的结合。在投标文件评审过程中，综合评估是非常重要的一个环节。综合评估是指对技术方案、施工组织、工期安排、报价等各个方面进行全面分析和比较，以确定最优的投标方。在综合评估过程中，需要考虑工程项目的实际需求和建设方的成本控制要求，以选择综合评估得分高且报价合理的投标方。通过综合评估与成本控制的结合，可以实现工程项目建设的经济性和效益性。

（三）通过投标文件评审控制成本的措施

通过科学、合理、规范的投标文件评审，可以有效地控制工程项目的成本。具体来说，可以通过以下措施控制成本。

强化对投标方的资格审查和信誉评估。在评审投标文件时，应该加强对投标方的资格审查和信誉评估，包括企业资质、业绩、技术力量、财务状况等。通过严格的资格审查和信誉评估，可以筛选出有实力、有信誉的投标方参与竞标，降低因恶意低价竞标导致成本失控的风险。

制定合理的评标标准和程序。在评审投标文件时，应该制定合理的评标标准和程序，综合考虑投标方的报价、技术方案、工期、质量等因素，避免单纯以价格为唯一标准。合理的评标标准和程序可以引导投标方进行全面综合的报价和方案制定，降低因单纯追求低价导致的成本增加和质量下降的风险。

三、合同条款的谈判与成本控制

合同条款的谈判与成本控制是工程项目建设过程中非常重要的环节。合同条款的谈判不仅关系到双方的权益和义务，还直接影响到工程项目的成本和质量。

（一）合同条款谈判的内容和要求

合同条款的谈判是双方在工程项目建设过程中权利和义务的具体约定。谈判的主要内容包括工程范围、工期、质量标准、付款方式、材料设备供应、保修期等。在合同条款谈判过程中，需要注意以下要求。

明确工程范围和建设要求。合同条款中应该明确工程项目的范围、建设内容、技术标准和要求等，避免后期出现理解偏差和争议，导致成本增加和质量问题。

合理安排工期和节点。合同条款中应该约定合理的工期和关键节点，考虑到工程项目的实际情况和风险因素，避免因工期延误或提前导致的成本增加和质量下降。

确定质量标准和验收程序。合同条款中应该明确质量标准和验收程序，包括施工过程中的质量检查、验收标准、整改期限等。通过明确质量标准和验收程序，可以保障工程项目的质量要求，避免因质量问题导致的成本增加和损失。

确定付款方式和资金安排。合同条款中应该约定合理的付款方式和资金安排，包括预付款、进度款、结算款的支付条件和时间节点，以及相应的违约责任和处理措施。合理的付款方式和资金安排可以保障双方的权益，避免因资金问题导致的成本增加和合作风险。

确定材料设备供应方式和质量保证。合同条款中应该约定材料设备供应的方式和质量保证措施，包括材料设备的采购、运输、验收等环节，以及相应的质量保证责任和处理措施。通过明确材料设备供应方式和质量保证，可以保障工程项目的材料设备质量，避免因材料设备问题导致的成本增加和质量问题。

约定保修期和售后服务。合同条款中应该约定保修期和售后服务的内容和责任，包括保修期限、保修范围、保修期间的维护保养等。通过约定保修期和售后服务，可以保障工程项目的后期维护和保养需求，避免因保修期外的问题导致的成本增加和质量问题。

（二）合同条款谈判与成本控制的关系

合同条款的谈判与成本控制之间存在着密切的联系。在合同条款谈判过程中，需要考虑工程项目的成本因素，同时也要考虑到双方的实际需求和能力。具体来说，合同条款谈判与成本控制的关系表现在以下几个方面。

明确的工程范围和建设要求是成本控制的基础。在合同条款谈判中，需要明确工程项目的范围和建设要求，以避免后期出现理解偏差和争议导致的成本增加和质量问题。通过明确的工程范围和建设要求，可以更好地进行成本控制和计划，避免因不明确或变更导致的成本增加和损失。

工期安排和节点计划的合理性与成本控制密切相关。合同条款中工期安排和节点计划是成本控制的重要因素之一。合理的工期安排可以保障工程项目的顺利进行和质量要求的实现，避免因工期延误或提前导致的成本增加和质量下降。同时，节点计划的制定也可以更好地掌握工程进度和成本投入情况，及时进行调整和控制。

质量标准和验收程序的确定是成本控制的重要环节。合同条款中质量标准和验收程序的确定是成本控制的重要环节之一。明确的质量标准和验收程序可以保障工程项目的质量要求，避免因质量问题导致的成本增加和损失。同时，合理的质量标准和验收程序也可以更好地掌握工程进度和成本控制情况，及时进行调整和控制。

付款方式和资金安排的合理性关系到成本控制的成败。在合同条款谈判中，需要约定合理的付款方式和资金安排，以保障双方的权益和合作风险的控制。不合理的付款方式和资金安排可能导致双方的资金压力和合作风险增加，进而影响到工程项目的成本和质量。因此，合理的付款方式和资金安排是成本控制的重要环节之一。

材料设备供应方式和质量保证与成本控制密切相关。合同条款中材料设备供应方式和质量保证是成本控制的重要因素之一。不合理的材料设备供应方式和质量保证可能导致材料设备的采购成本增加、质量不稳定等问题，进而影响到工程项目的整体成本和质量。因此，明确材料设备供应方式和质量保证可以更好地进行成本控制和质量要求。

四、招投标的监督与管理及其成本控制

招投标的监督与管理及其成本控制是工程项目建设过程中的重要环节。招投标制度旨在通过公平竞争和规范化管理，实现工程项目的高效、优质和成本控制。

（一）招投标的监督与管理

招投标的监督与管理是确保工程项目建设过程中公平、公正、公开的重要手段。以下是招投标的监督与管理的主要内容及要求。

制定招标文件：招标文件是工程项目招投标的依据和标准。招标文件应明确工程项目的范围、技术标准、质量要求、工期、付款方式等关键要素，同时应强调公平、公正、公开的原则，避免歧视和排斥潜在投标人。

审核投标文件：审核投标文件是招投标过程中的重要环节。招标人应对投标文件进行审查，确保其符合招标文件的要求和条件。同时，对于投标文件中存在的疑点和问题，招标人应及时进行澄清和解答，确保投标过程的公正和透明。

评标与定标：评标与定标是决定中标结果的关键环节。评标应遵循公平、公正、公开的原则，综合考虑投标人的技术能力、价格、质量、信誉等因素。定标应选择综合评价最高的投标人，同时要确保中标价格合理，避免低价中标带来的质量风险和成本风险。

签订合同：签订合同是招投标活动的最终目的。招标人与中标人应按照招标文件和投标文件的约定，签订合同并明确双方的权利和义务。合同条款应严谨、完整，避免歧义和争议，确保双方的利益得到保障。

监督合同履行：合同履行是招投标活动的重要环节。招标人应监督中标人履行合同，确保其按照合同约定进行施工、供货或服务等。对于违约行为，招标人应及时进行处理并追究责任，确保双方的权益得到保障。

（二）招投标管理与成本控制的关系

招投标管理与成本控制之间存在着密切的联系。合理的招投标管理可以有效地控制工程项目的成本和质量，提高资金使用效率。以下是招投标管理与成本控制的关系。

招投标管理是成本控制的基础：招投标过程是工程项目建设的前期阶段，

这个阶段的成本控制对于整个工程项目的成本控制至关重要。合理的招投标管理可以避免资源浪费和重复投入，为工程项目的成本控制打下基础。

公平竞争促进成本控制：招投标制度强调公平竞争，鼓励投标人之间进行合理的竞争。这种竞争机制可以促使投标人降低成本、提高质量和服务水平，从而使得招标人能够选择到性价比更高的合作伙伴。公平竞争的环境也能够避免权力寻租和腐败现象，减少不必要的成本支出。

合同条款与成本控制密切相关：招投标的最终目的是签订合同，而合同条款与成本控制密切相关。合理的合同条款能够明确双方的权利和义务，避免后期出现纠纷和索赔问题，从而减少额外的成本支出。合同条款的严谨性和完整性也能够保障双方的利益，避免因歧义或遗漏导致的成本增加和质量问题。

监督与管理能够避免成本超支：招投标过程中监督与管理能够有效地避免成本超支和质量问题。通过对投标文件的审核、评标与定标过程的监督以及合同履行情况的监督等环节，可以确保中标人的资质和能力符合要求，避免因欺诈或不实承诺导致的成本增加和质量问题。同时，合理的监督和管理也能够及时发现并解决潜在的成本风险，避免因延误或错误决策导致的成本超支。

第三节 基于招投标阶段的成本控制案例分析

一、案例一：某工程项目招投标成本控制案例

（一）背景介绍

某工程项目是一家房地产开发公司开发的商业住宅项目，位于城市中心地带，总建筑面积为10万平方米，总投资额为1亿元。该项目旨在打造高品质的商业住宅，提升公司品牌形象，同时实现合理的投资回报。为了实现这一目标，该公司在项目初期引入了招投标制度，旨在通过公平竞争和规范化管理，筛选出优秀的承包商和供应商，降低项目成本。

（二）案例分析

在该工程项目中，成本控制是关键环节之一。该公司采用了以下措施进行

招投标成本控制。

招标文件编写谨慎细致：为了确保招标文件能够明确地传达项目的各项要求和标准，该公司花费了大量时间和精力来编写招标文件。文件中详细规定了工程范围、技术标准、质量要求、工期、付款方式等关键要素，并强调公平、公正、公开的原则，避免歧视和排斥潜在投标人。此外，对于投标文件的格式和内容也进行了明确的要求，确保投标过程规范化。

投标评审过程公正透明：在投标评审过程中，该公司采取了公正透明的原则，对所有投标文件进行认真审核，并组织专业团队对投标文件进行综合评估。对于存在疑问或不符合要求的投标文件，及时与投标人进行沟通，要求其进行修改或澄清。这种公正透明的评审过程为该公司筛选出优秀的承包商和供应商提供了保障。

合理确定评标标准和定标原则：评标与定标是决定中标结果的关键环节。该公司根据项目特点和实际情况，制定了合理的评标标准，综合考虑投标人的技术能力、价格、质量、信誉等因素。在定标时，公司选择了综合评价最高的投标人，同时强调中标价格合理，避免低价中标带来的质量风险和成本风险。这种综合评价的方法使得公司在保证质量的前提下实现了成本的有效控制。

合同签订注重细节与风险防范：在签订合同阶段，该公司与中标人充分协商并明确了合同条款。合同中详细规定了双方的权利和义务，包括工程范围、技术标准、质量要求、工期、付款方式等关键要素。同时，该公司还注重风险防范，对于可能出现的风险因素进行了预测和评估，并在合同中规定了相应的解决方案和措施。通过这种方式，确保了合同执行的顺利进行，并有效地维护了双方的利益。

监督与执行并行确保合同履行：合同履行是招投标活动的重要环节。该公司加强了对中标人履行合同的监督和管理，确保其按照合同约定进行施工、供货或服务等。对于违约行为及时进行处理并追究责任，确保双方的权益得到保障。同时，通过有效的监督和管理机制，该公司能够及时发现并解决合同履行过程中出现的问题，确保项目的顺利推进。

（三）案例总结

该工程项目在招投标过程中采取了有效的成本控制措施，取得了良好的效果。通过公平竞争和规范化管理，筛选出优秀的承包商和供应商，降低了项目成本。同时，加强合同管理和监督，避免了不必要的成本支出和纠纷问题。该案例表明，合理的招投标管理可以有效地控制工程项目的成本和质量提高资金使用效率。

二、案例二：某大型设备采购招投标成本控制案例

（一）背景介绍

某大型设备采购项目是一个为期一年的采购项目，旨在为一家大型能源公司采购一批高性能、高质量的大型设备，以满足其生产线的需求。该项目涉及的设备种类繁多，包括压缩机、发电机、泵、阀门等，总价值超过1亿元。为了确保项目的成功实施和成本的有效控制，该公司在项目初期引入了招投标制度，旨在通过公平竞争和规范化管理，筛选出优秀的供应商，降低采购成本。

（二）案例分析

在该大型设备采购项目中，成本控制是关键环节之一。该公司采用了以下措施进行招投标成本控制。

招标文件编写严谨细致：为了确保招标文件能够明确地传达项目的各项要求和标准，该公司花费了大量时间和精力来编写招标文件。文件中详细规定了设备的技术规格、性能参数、质量要求、交货期等关键要素，并强调公平、公正、公开的原则，避免歧视和排斥潜在投标人。此外，对于投标文件的格式和内容也进行了明确的要求，确保投标过程规范化。

投标评审过程公正透明：在投标评审过程中，该公司采取了公正透明的原则，对所有投标文件进行认真审核，并组织专业团队对投标文件进行综合评估。对于存在疑问或不符合要求的投标文件，及时与投标人进行沟通，要求其进行修改或澄清。这种公正透明的评审过程为该公司筛选出优秀的供应商提供了保障。

合理确定评标标准和定标原则：评标与定标是决定中标结果的关键环节。该公司根据项目的特点和实际情况，制定了合理的评标标准，综合考虑投标人

的技术能力、价格、质量、信誉等因素。在定标时，公司选择了综合评价最高的投标人，同时强调中标价格合理，避免低价中标带来的质量风险和成本风险。这种综合评价的方法使得公司在保证质量的前提下实现了成本的有效控制。

合同签订注重细节与风险防范：在签订合同阶段，该公司与中标人充分协商并明确了合同条款。合同中详细规定了双方的权利和义务，包括设备的供应、安装、调试、验收等关键要素。同时，该公司还注重风险防范，对于可能出现的风险因素进行了预测和评估，并在合同中规定了相应的解决方案和措施。通过这种方式，确保了合同执行的顺利进行，并有效地维护了双方的利益。

监督与执行并行确保合同履行：合同履行是招投标活动的重要环节。该公司加强了对中标人履行合同的监督和管理，确保其按照合同约定进行设备的供应、安装、调试、验收等。对于违约行为及时进行处理并追究责任，确保双方的权益得到保障。同时，通过有效的监督和管理机制，该公司能够及时发现并解决合同履行过程中出现的问题，确保项目的顺利推进。

（三）案例总结

该大型设备采购项目在招投标过程中采取了有效的成本控制措施，取得了良好的效果。通过公平竞争和规范化管理，筛选出优秀的供应商，降低了采购成本。同时，加强合同管理和监督，避免了不必要的成本支出和纠纷问题。该案例表明，合理的招投标管理可以有效地控制项目的成本和提高资金使用效率。在未来的类似项目中，该公司可以继续采用招投标制度进行成本控制和管理，并根据实际情况不断完善和优化相关措施。

三、案例三：某国有企业招投标过程成本控制案例

（一）背景介绍

某国有企业是一家涉及能源、交通、建筑等多个领域的大型企业，拥有丰富的项目经验和资源。近年来，随着国家对基础设施建设投入的增加，该企业承担了大量重大工程项目。为了确保项目的成功实施和合理控制成本，该企业在项目中引入了招投标制度，旨在通过公平竞争和规范化管理，选择优秀的合作伙伴，降低项目成本。

(二)案例分析

在该企业的众多项目中,一个大型基础设施建设项目采用了招投标方式进行合作伙伴选择和成本控制。以下是该项目的成本控制措施。

合理制定招标文件:在项目初期,该企业认真分析了项目的实际需求,制定了合理的招标文件。文件中详细规定了合作伙伴应具备的资质、技术能力、经验、信誉等关键要素,并明确了招标的范围和要求。同时,为了确保招标过程的公平和透明,招标文件还强调了合规性和公平性原则,避免歧视和排斥潜在投标人。

科学设定评标标准:在评标过程中,该企业根据项目的特点和实际情况,科学设定了评标标准。除了价格因素外,还综合考虑了投标人的技术能力、质量、工期、信誉等因素。通过设定合理的评标标准,该企业旨在筛选出既能保证项目质量又能降低成本的合作伙伴。

强化合同管理:在签订合同阶段,该企业与中标人进行了充分协商,明确了合同条款和责任。合同中详细规定了双方的权利和义务,包括工程的范围、质量、工期、付款方式等关键要素。同时,为了确保合同执行的顺利进行,合同中还规定了相应的解决方案和措施。通过强化合同管理,该企业有效地避免了不必要的成本支出和纠纷问题。

监督与执行并行:在项目执行过程中,该企业加强了对合作伙伴履行合同的监督和管理。通过定期检查工程进度、质量以及款项支付情况等关键环节,确保合作伙伴按照合同约定进行工作。对于违约行为及时进行处理并追究责任,确保双方的权益得到保障。同时,通过有效的监督和管理机制,该企业能够及时发现并解决项目执行过程中出现的问题,确保项目的顺利推进。

优化设计方案:在项目实施过程中,该企业组织专业团队对设计方案进行了优化。通过对工程的结构设计、材料选择、施工工艺等方面进行深入研究和分析,提出了更具经济性和可行性的设计方案。经过优化后,项目成本得到了有效控制,同时也提高了项目的质量和效益。

加强施工现场管理:在施工现场管理方面,该企业制定了严格的管理制度和规范。通过合理安排施工计划、加强材料管理、优化施工工艺等措施,确保工程的顺利进行和成本的有效控制。同时，该企业还加强了与合作伙伴的沟通和协调，确保施工过程中的问题能够及时得到解决。

建立有效的奖惩机制：为了激励合作伙伴降低成本和提高效率，该企业建立了有效的奖惩机制。对于能够在保证质量的前提下有效降低成本的合作伙伴，给予一定的奖励和表彰。同时，对于浪费资源、增加成本的合作伙伴则进行相应的惩罚和处理。这种奖惩机制有效地调动了合作伙伴的积极性，促进了成本控制工作的顺利开展。

（三）案例总结

该基础设施建设项目在招投标过程中采取了有效的成本控制措施，取得了良好的效果。通过科学制定招标文件、设定评标标准、强化合同管理、监督与执行并行、优化设计方案、加强施工现场管理以及建立奖惩机制等措施，该企业成功地降低了项目成本并保证了项目的质量。在未来的类似项目中，该企业可以继续采用招投标制度进行成本控制和管理根据实际情况不断完善和优化相关措施为企业的持续发展奠定了坚实基础。

第九章 施工过程中的成本控制

第一节 施工阶段成本控制概述

一、施工阶段成本控制的重要性

施工阶段成本控制是工程建设项目管理中的重要环节,其重要性不言而喻。

(一)实现项目预期经济效益的关键

施工阶段是项目实现经济效益的关键阶段,成本控制直接关系到项目经济效益的实现。在施工阶段,通过科学的成本控制方法,可以合理地确定和有效地控制工程造价,从而降低成本,提高项目的经济效益。

(二)保证项目按计划顺利实施的重要手段

施工阶段的成本控制是项目按计划顺利实施的重要手段。通过成本控制,可以合理地确定施工方案、材料设备采购、劳动力安排等各项工作的费用和进度,确保项目在保证质量的前提下,按照预定计划顺利完成。

(三)提高项目综合管理水平的重要途径

施工阶段的成本控制是提高项目综合管理水平的重要途径。成本控制涉及项目管理的各个方面,包括工程设计、材料设备采购、施工管理、验收结算等。通过成本控制,可以促进项目各个部门之间的协调与合作,提高项目的综合管理水平。

(四)实现可持续发展目标的重要保障

施工阶段的成本控制是实现可持续发展目标的重要保障。在成本控制过程中,可以通过采用环保材料、节能技术等措施,降低能源消耗和环境污染,实现经济效益和社会效益的平衡,推动可持续发展目标的实现。

（五）增强企业竞争力的重要措施

施工阶段的成本控制是增强企业竞争力的重要措施。在市场竞争日益激烈的情况下，企业的成本控制能力直接关系到其市场竞争力。通过科学的成本控制方法和技术，可以提高企业的成本管理能力，降低成本支出，增强企业的竞争力。

二、施工阶段的成本构成与影响因素

（一）施工阶段成本构成

施工阶段的成本是指在工程项目施工过程中所发生的全部生产费用的总和，包括人工费、材料费、施工机械使用费、措施费、间接费用等。具体来说，可以划分为以下几部分。

人工费：指直接从事工程施工人员的工资、奖金、津贴、补助等费用，包括劳务分包费用。

材料费：指施工过程中消耗的原材料、辅助材料、构配件、零件、半成品等费用，包括材料原价、运输费、装卸费、仓储费等。

施工机械使用费：指使用施工机械所发生的费用，包括机械折旧费、修理费、租赁费、安装拆卸费等。

措施费：指为完成工程项目施工，发生于该工程施工前和施工过程中非工程实体项目的费用，包括环境保护费、文明施工费、安全施工费、临时设施费、夜间施工费等。

间接费用：指施工企业为组织和管理工程施工所发生的费用，包括管理人员工资、办公费、差旅交通费、固定资产折旧费等。

（二）影响施工阶段成本的因素

施工阶段的成本受到多种因素的影响，其中一些主要因素包括以下几点。

市场竞争激烈：建筑市场的竞争日益激烈，为了获得工程项目，企业往往需要降低报价或者通过提供更好的服务来增加竞争力。这可能会导致利润空间的缩小，进而影响施工阶段的成本。

项目管理水平：项目管理水平的高低直接影响到施工阶段的成本。有效的项目管理能够确保资源的合理分配和利用,提高施工效率,降低不必要的浪费和返工,从而控制施工成本。

工程质量与安全:工程质量与安全是施工阶段的重要因素,如果质量不达标或者出现安全事故,将会带来额外的成本支出。因此,企业需要在保证工程质量的前提下,尽可能地降低成本。

材料价格波动:材料价格波动是施工阶段成本的一个重要因素。建筑材料的价格受到市场供求关系、政策调整、国际贸易等因素的影响,价格波动会对施工阶段的成本产生直接影响。

施工进度安排:施工进度安排不合理会导致资源的浪费和成本的增加。如果工期过长,会导致人员和设备租赁费用的增加;而工期过短,可能会影响工程质量或者导致加班加点带来的额外成本。

自然环境与气候条件:自然环境和气候条件的变化也会对施工阶段的成本产生影响。例如,恶劣的天气条件可能会延长施工时间,增加设备维护和人员保护的成本。

政策法规与规范标准:政策法规和规范标准的调整也会对施工阶段的成本产生影响。例如,环保政策的加强可能会增加施工现场的环境保护费用;技术标准的提高可能会增加设备更新和人员培训的费用。

三、基于全过程管理的施工阶段成本控制策略

施工阶段是工程建设的重要阶段,也是成本控制的关键环节。在这个阶段,成本控制涉及多个方面,如人力、材料、设备、管理费用等。为了实现成本控制目标,企业需要采取有效的管理策略。

(一)施工阶段成本控制策略

1.制定成本控制目标

在施工开始前,企业需要根据项目实际情况制定成本控制目标。目标要具体、明确,包括材料消耗、人工费用、机械设备使用费等关键指标。同时,要明确各部门的责任和分工,确保成本控制目标的实现。

2.加强材料管理

材料费用是施工阶段成本的重要组成部分，因此要重视材料管理工作。首先，要建立严格的材料采购制度，选择质量优良、价格合理的供应商。其次，要加强材料库存管理，确保材料存储合理、使用有序。最后，要实行限额领料制度，避免浪费和损失。

3.提高机械设备使用效率

机械设备的使用费用也是施工阶段成本的重要部分。为了降低成本，企业要合理安排机械设备的进场和出场时间，避免设备闲置和浪费。同时，要加强对机械设备的维护和保养，提高设备的使用寿命和效率。

4.优化施工方案

施工方案是指导施工的重要文件，也是成本控制的重要依据。企业要在保证工程质量的前提下，优化施工方案，降低成本。例如，可以通过采用新技术、新工艺等方法提高施工效率，减少人力和物力的消耗。

5.加强施工现场管理

施工现场管理是施工阶段成本控制的重要环节。企业要建立健全的现场管理制度，加强现场签证和变更管理。同时，要监督施工现场的安全和质量，避免因安全事故和质量问题导致的成本增加。

6.合理安排施工进度

施工进度是影响施工阶段成本的重要因素。企业要根据工程实际情况，合理安排施工进度，避免因工期过长导致的成本增加。同时，要合理安排人力和物力资源，确保工程顺利进行。

7.加强合同管理

合同是施工阶段成本控制的重要依据。企业要加强对合同的管理，确保合同条款的完整性和合理性。同时，要加强对合同执行情况的监督和管理，避免因合同纠纷导致的成本增加。

（二）全过程管理在成本控制中的应用

全过程管理是一种全面的、动态的管理方式，它强调对整个项目周期进行全面控制和管理。在施工阶段成本控制中应用全过程管理理念，可以有效提高成本控制效果。

1.建立全过程成本控制体系

企业要建立全过程成本控制体系，将成本控制目标贯穿到项目建设的各个阶段。在项目建议书阶段，要充分考虑建设规模、技术方案、投资估算等成本因素；在设计阶段，要注重设计方案的经济性和合理性；在招投标阶段，要合理确定招标方式和价格；在施工阶段，要加强现场管理、监督和考核。通过建立全过程成本控制体系，实现对项目成本的全面控制和管理。

2.加强成本动态监控

企业要加强对成本的动态监控，及时发现和解决成本超支问题。通过建立成本预警机制和应急预案，及时调整成本控制措施，确保成本控制目标的实现。同时，要定期进行成本分析和评估，找出成本控制的薄弱环节和改进措施。

3.优化资源配置

企业要根据工程实际情况优化资源配置，合理安排人力、物力、财力等资源的使用。通过优化资源配置，可以提高资源使用效率，降低成本消耗。同时，要根据市场变化及时调整资源配置策略，确保成本控制目标的实现。

第二节　基于挣值管理的施工阶段成本控制实务

一、挣值管理的基本原理与工具

挣值管理是一种项目管理技术，用于衡量和跟踪项目的进度和成本绩效。它结合了范围、时间和成本三个关键指标，帮助项目管理者更好地理解项目的实际情况，及时采取纠正措施，确保项目顺利完成。

（一）挣值管理的基本原理

挣值管理通过将范围、时间和成本整合到一个系统中，为项目管理者提供了一个综合的绩效测量方法。

1.三个关键指标

挣值管理使用了范围、时间和成本三个关键指标来衡量项目的绩效。范围指标表示项目的预期成果或工作量；时间指标表示项目任务的预期完成时间；成本指标表示完成项目所需的预期成本。

2.挣值的概念

挣值是项目团队在某一时间点已经完成的工作的价值。它通过将实际完成的工作量与预算成本相乘得出，反映了项目团队在某个时间点上的绩效水平。

3.绩效指数的概念

绩效指数是挣值与实际成本的比值，用于评估项目的成本和进度绩效。如果绩效指数小于1，说明实际成本超过了预算成本；如果绩效指数大于1，说明实际成本低于预算成本。

4.偏差分析的概念

偏差分析是通过比较挣值和实际成本之间的差异来评估项目的进度和成本绩效。如果挣值低于实际成本，说明项目进度滞后于计划；如果挣值高于实际成本，说明项目进度提前于计划。

（二）挣值管理的工具

挣值管理的实施需要使用一些工具和技术，以下是其中一些常用的工具。

1.项目管理软件

项目管理软件是实施挣值管理的必备工具之一。这类软件通常包括任务管理、时间表、预算分配等功能，可以帮助项目团队跟踪和管理项目进度和成本。常见的项目管理软件包括 Microsoft Project、Oracle Primavera P6 等。

2.挣值曲线图

挣值曲线图是一种图形工具，用于显示项目在不同时间点的挣值水平。通过将实际挣值与计划挣值进行比较，可以评估项目的进度绩效和预测未来趋势。这种图通常以时间和成本为坐标轴，用不同颜色的线条表示不同阶段的挣值水平。

3.偏差分析表

偏差分析表是一种表格工具，用于记录和分析挣值与实际成本的差异。通过计算绩效指数和偏差量，项目团队可以确定偏差的原因和采取相应的纠正措施。这种表通常包括任务名称、计划挣值、实际挣值、实际成本等字段。

4.预测分析

预测分析是一种基于历史数据的统计方法,用于预测项目未来的进度和成本。通过分析过去类似项目的数据,可以预测未来项目的趋势和可能的风险,从而制定相应的应对措施。预测分析通常使用回归分析和时间序列分析等技术。

二、基于挣值管理的施工阶段成本计划与控制

基于挣值管理的施工阶段成本计划与控制是一种有效的项目管理方法,旨在通过对施工阶段的成本进行计划、控制和分析,以确保项目在满足质量、进度和安全的前提下,实现成本效益最大化。

(一)施工阶段成本计划

在施工阶段,基于挣值管理的成本计划主要包括以下几个方面。

1.确定施工范围和施工图纸

在制定施工阶段成本计划之前,需要明确项目的施工范围和施工图纸。这有助于项目团队了解项目的具体工作内容、工程量和技术难度等信息,为后续的成本计划制定提供基础数据。

2.制订施工进度计划

根据项目的实际情况和施工图纸,制订合理的施工进度计划。该计划应明确各施工阶段的任务、时间节点和关键路径等,为后续的成本计划提供时间参考。

3.估算施工成本

根据施工范围、施工图纸和进度计划等信息,对项目的施工成本进行估算。这包括人工成本、材料成本、机械成本和其他间接费用等。通过估算,可以确定项目在施工阶段的预期成本。

4.制订成本计划

结合项目的实际情况和估算的施工成本,制定合理的成本计划。该计划应明确各施工阶段的成本目标、预算成本和挣值等指标,为后续的成本控制提供依据。

(二)施工阶段成本控制

在施工阶段,基于挣值管理的成本控制主要包括以下几个方面。

1.挣值计算与分析

根据成本计划和实际施工进度,计算项目的实际挣值。通过对挣值进行分析,可以了解项目在某一时间点的进度和成本绩效。如果挣值低于实际成本,说明项目进度滞后于计划;如果挣值高于实际成本,说明项目进度提前于计划。

2.偏差分析

通过对实际挣值与实际成本进行比较,分析项目在某一时间点的偏差情况。如果偏差较大,需要及时采取纠正措施,以确保项目顺利完成。偏差分析应包括原因分析、纠正措施制定和实施等环节。

3.调整成本计划

根据偏差分析和实际情况,对原有的成本计划进行调整。调整后的成本计划应更加符合实际情况,以保证项目在满足质量、进度和安全的前提下,实现成本效益最大化。

4.成本控制措施

为了更好地控制施工阶段的成本,可以采取以下措施。

(1)优化施工方案:通过对施工方案进行优化,降低人工成本、材料成本和机械成本等。例如,可以采用新技术、新工艺和新材料等手段,提高施工效率和质量。

(2)加强材料管理:通过对材料采购、储存和使用等环节进行严格管理,降低材料成本。例如,可以采用限额领料制度,避免材料浪费。

(3)合理安排机械使用:通过对机械使用进行合理安排,提高机械使用效率和质量。例如,可以采用租赁制度,减少机械闲置和浪费。

(4)加强人员培训:通过对人员进行培训,提高人员的技能和质量意识等。例如可以采用分级培训、专题培训等方式进行培训。人员培训既可以帮助人员更好地掌握技能和知识;同时也可以帮助项目团队更好地进行沟通和协作;从而实现更好的成本控制效果。

三、基于挣值管理的施工阶段成本分析与预测

基于挣值管理的施工阶段成本分析与预测是一种有效的项目管理方法,旨

在通过对施工阶段的成本进行分析和预测,为项目决策提供依据,确保项目在满足质量、进度和安全的前提下,实现成本效益最大化。

(一)施工阶段成本分析

在施工阶段,基于挣值管理的成本分析主要包括以下几个方面。

1.成本构成分析

通过对施工阶段的成本构成进行分析,了解各项成本费用的占比和变化情况。这有助于项目团队明确成本控制的关键点,为后续的成本预测提供基础数据。

2.成本差异分析

通过对实际成本与预算成本进行比较,分析项目在某一时间点的成本差异。如果实际成本高于预算成本,需要找出原因并采取相应的纠正措施;如果实际成本低于预算成本,可以评估节约的成本是否可以用于其他方面以实现更大的效益。

3.成本趋势分析

通过对施工阶段的成本趋势进行分析,了解项目在整个施工过程中的成本变化情况。这有助于项目团队预测未来的成本走势,为后续的成本预测提供依据。

(二)施工阶段成本预测

在施工阶段,基于挣值管理的成本预测主要包括以下几个方面。

1.完工成本预测

根据实际施工进度和预计未来的施工情况,对项目的完工成本进行预测。这可以帮助项目团队了解项目在完成时的总成本,为后续的决策提供依据。

2.风险因素预测

通过对施工阶段可能出现的风险因素进行预测,评估其对项目成本的影响。这有助于项目团队提前采取相应的措施,避免或降低风险对项目成本的影响。

3.优化成本预测

通过对施工阶段的成本进行优化预测,可以进一步提高项目的成本效益。这包括对施工方案、材料管理、机械使用和人员培训等方面的优化,以及采用新技术、新工艺和新材料等手段来提高施工效率和质量。优化后的成本预测可以帮助项目团队实现更好的成本控制效果。

（三）基于挣值管理的施工阶段成本分析与预测的应用价值

基于挣值管理的施工阶段成本分析与预测具有以下应用价值。

提高项目决策的科学性：通过对施工阶段的成本进行分析和预测，项目团队可以更加全面地了解项目的实际情况和未来趋势，为后续的决策提供科学依据。

有效控制项目成本：通过对施工阶段的成本进行实时监测和调整，可以帮助项目团队及时发现和解决成本问题，有效控制项目的总成本。

优化资源配置：通过对施工阶段的成本进行分析和预测，可以帮助项目团队更好地进行资源规划和管理，提高资源的利用效率和质量。

提高项目管理的有效性：通过对施工阶段的成本进行挣值管理，可以促进项目团队之间的沟通和协作，提高项目管理的有效性和效率。

为其他项目提供经验教训：通过对施工阶段的成本进行分析和预测，可以为其他类似项目提供经验和教训，帮助其他项目更好地进行成本控制和管理。

四、基于挣值管理的施工阶段成本控制措施

基于挣值管理的施工阶段成本控制措施是在施工阶段中，运用挣值管理方法对项目成本进行控制和优化的措施。挣值管理是一种综合性的项目管理方法，它通过将实际完成的工作量与预算进行比较，来评估项目的进度和成本绩效。

（一）制定成本控制目标和计划

在施工阶段开始之前，项目团队需要制定明确的项目成本控制目标和计划。这些目标和计划应该基于项目的实际情况和需求，包括项目的规模、复杂性、质量要求等因素。在制定目标和计划时，需要将项目成本划分为不同的组成部分，并为每个组成部分设定具体的控制目标。

（二）加强成本预算和估算管理

在施工阶段，项目团队需要对各项成本进行预算和估算。这包括人工成本、材料成本、设备成本、间接费用等。在预算和估算过程中，需要充分考虑各项因素，如市场价格波动、施工条件变化等。同时，还需要建立相应的预算和估算管理制度，确保各项成本的合理分配和有效使用。

（三）实施成本动态控制和调整

在施工阶段，项目成本会随着施工进度的变化而发生变化。因此，项目团队需要实施动态成本控制和调整。这包括对实际成本进行实时监测和分析，将实际成本与预算进行比较，及时发现和解决成本问题。同时，还需要根据实际情况对成本控制计划进行调整和优化，确保成本控制的有效性和准确性。

（四）强化风险管理措施

在施工阶段中，各种风险因素会对项目成本产生影响。因此，项目团队需要强化风险管理措施。这包括对可能出现的风险因素进行预测和评估，制定相应的应对措施和预案。同时，还需要建立风险监控机制，及时发现和处理风险事件，避免或降低风险对项目成本的影响。

（五）加强质量管理

质量是成本控制的重要因素之一。因此，项目团队需要加强质量管理。这包括建立完善的质量管理体系，确保施工质量符合要求。同时，还需要加强对施工质量的过程控制和监督，及时发现和解决质量问题。通过提高施工质量，可以减少返工和维修等不必要的成本支出。

（六）优化施工方案和资源配置

施工方案和资源配置是影响项目成本的重要因素之一。因此，项目团队需要优化施工方案和资源配置。这包括对施工方案进行技术经济分析和比较，选择最优的方案。同时，还需要合理配置人力、物力、财力等资源，避免资源浪费和效率低下等问题。通过优化施工方案和资源配置，可以降低项目成本和提高效益。

（七）提高管理人员素质和工作效率

管理人员素质和工作效率也是影响项目成本的重要因素之一。因此，项目团队需要提高管理人员素质和工作效率。这包括加强对管理人员的培训和教育，提高管理人员的专业素质和管理能力。同时，还需要建立完善的管理制度和工作流程，提高工作效率和管理水平。通过提高管理人员素质和工作效率可以进一步降低项目成本和提高效益。

第三节　基于质量成本管理的施工阶段成本控制实务

一、质量成本管理的基本概念与原则

质量成本管理是企业管理中的重要组成部分，它涉及企业的产品和服务质量的控制、评估和改进，以及与质量相关的成本和收益的管理。

（一）基本概念

质量成本指企业为确保产品或服务的质量而产生的成本，包括预防成本、鉴定成本、内部故障成本和外部故障成本。预防成本是指为预防质量问题而投入的费用，如质量策划、质量培训等；鉴定成本是指为确保产品或服务的质量而进行的检验、测试等活动所发生的费用；内部故障成本是指在产品或服务交付前因质量问题而产生的处理费用，如返工、报废等；外部故障成本是指产品或服务交付后因质量问题而产生的处理费用，如保修、退换货等。

质量成本管理指企业对质量成本的规划、控制、分析和改进等一系列管理活动的总称。质量成本管理旨在确保产品质量符合要求，同时实现质量成本的最小化，提高企业的经济效益和市场竞争力。

（二）基本原则

预防为主原则：质量成本管理的核心是预防质量问题，通过预防措施降低故障成本，提高产品质量和客户满意度。

经济性原则：质量成本管理应考虑质量成本的经济效益，不仅要降低故障成本，还要考虑预防成本和鉴定成本的投入是否合理，以实现质量成本的最小化。

系统性原则：质量成本管理涉及企业的各个部门和各个环节，需要建立完善的组织架构和业务流程，确保质量成本的全面管理和控制。

主动性原则：质量成本管理应主动发现问题并及时采取措施解决问题，防止问题的扩大和蔓延。

持续性原则：质量成本管理应持续进行，不断改进和完善质量管理体系，提高企业的质量管理水平。

（三）实施步骤

制订质量成本管理计划：根据企业的实际情况和市场需求，制定符合企业战略目标的质量成本管理计划。该计划应包括质量成本的预算、控制目标、实施方案等内容。

建立质量成本管理体系：建立完善的质量成本管理体系，包括组织架构、业务流程、核算体系等。该体系应能够全面管理和控制质量成本，确保质量成本的合理投入和有效利用。

收集和分析质量成本数据：收集和分析质量成本数据是实施质量成本管理的基础。企业应建立完善的数据收集和分析系统，及时掌握产品质量和成本情况，为后续的质量管理提供数据支持。

制定改进措施：根据质量成本数据的分析结果，制定相应的改进措施。改进措施应包括优化产品设计、改进生产工艺、提高员工素质等方面。通过改进措施的实施，降低故障成本，提高产品质量和客户满意度。

监督和评估：对实施改进措施后的质量成本管理情况进行监督和评估。通过对改进措施的执行情况进行检查和分析，评估改进措施的效果，及时发现和解决问题。

持续改进：质量成本管理是一个持续改进的过程。企业应根据市场变化和客户需求的变化，不断优化产品质量和成本管理体系，提高企业的质量管理水平和市场竞争力。

二、基于质量成本管理的施工阶段成本计划与控制

基于质量成本管理的施工阶段成本计划与控制是工程建设项目管理中的重要环节。在施工阶段，通过对质量成本的管理，可以有效地控制施工成本，提高工程质量，增强企业的市场竞争力。

（一）基本概念

质量成本管理是一种以质量为中心，以效益为目标的现代成本管理方法。它

不仅关注产品的质量，还关注质量的投入和产出，通过科学合理地计划、控制和分析质量成本，实现质量与成本的平衡，提高企业的经济效益和市场竞争力。

施工阶段是工程建设项目的重要组成部分，该阶段的成本计划与控制对整个项目的经济效益和质量有着至关重要的影响。基于质量成本管理的施工阶段成本计划与控制，就是在施工阶段引入质量成本管理的理念和方法，通过对质量成本的控制和分析，实现施工成本的有效管理和工程质量的提高。

（二）方法

1.制订施工阶段成本计划

在施工阶段，企业应根据工程建设的实际情况和市场需求，制订符合项目目标的成本计划。该计划应包括施工成本的预算、控制目标、实施方案等内容，同时应考虑质量成本的投入和产出，确保施工成本计划的合理性和有效性。

2.建立施工阶段质量成本管理体系

在施工阶段，企业应建立完善的质量成本管理体系，包括组织架构、业务流程、核算体系等。该体系应能够全面管理和控制质量成本，确保质量成本的合理投入和有效利用。同时应建立相应的监督和评估机制，对质量成本管理情况进行实时监控和评估。

3.实施施工阶段质量成本控制措施

在施工阶段，企业应采取一系列措施对质量成本进行控制。这些措施应包括：加强材料和设备的采购和使用管理，提高材料和设备的品质和可靠性；加强施工过程的监控和管理，确保施工工艺的规范化和施工质量符合要求；加强与客户的沟通和交流，提高客户满意度和忠诚度等。

4.分析施工阶段质量成本数据

在施工阶段，企业应收集和分析质量成本数据。这些数据应包括：施工过程中的各种检测和测量数据、质量故障数据、维修保养数据等。通过对这些数据的分析，可以发现质量问题和改进点，为后续的施工提供参考和指导。

5.持续改进和完善

在施工阶段，企业应根据实际情况和市场需求的变化，持续改进和完善质量成本管理体系和施工阶段的成本计划与控制措施。通过对管理体系和措施的优化和完善，提高企业的质量管理水平和市场竞争力。

（三）应用

基于质量成本管理的施工阶段成本计划与控制在工程建设项目管理中有着广泛的应用。例如：在地铁工程建设中，通过对施工阶段的质量成本进行管理和控制，可以提高地铁工程的施工质量，降低运营维护成本；在桥梁工程建设中，通过对施工阶段的质量成本进行管理和控制，可以提高桥梁的可靠性和耐久性；在房屋建筑工程中通过对施工阶段的质量成本进行管理和控制可以提高房屋建筑的使用寿命和安全性等。

三、基于质量成本管理的施工阶段成本分析与优化

基于质量成本管理的施工阶段成本分析与优化是工程建设项目管理中的重要环节。在施工阶段，通过对质量成本的分析与优化，可以有效地降低施工成本、提高工程质量，增强企业的市场竞争力。

（一）基本概念

质量成本管理是一种以质量为中心，以效益为目标的现代成本管理方法。它关注的是产品的质量以及为保证质量所投入的成本和可能产生的损失。在施工阶段，质量成本管理主要涉及对施工质量、进度和成本进行综合分析和优化，以实现项目目标。

施工阶段成本分析与优化是指在施工阶段，通过运用一定的技术和方法，对施工过程的各种成本进行详细分析，找出存在的问题和优化点，并提出相应的解决方案，以实现施工成本的有效控制和工程质量的提高。

（二）方法

1.施工阶段成本分析

在施工阶段，应通过对施工成本的详细分析，了解各项费用的构成和比例，找出存在的问题和优化点。具体来说，可以通过以下方法进行成本分析。

（1）对施工成本进行分解：将施工成本分为直接成本和间接成本，直接成本包括材料、人工、设备等费用，间接成本包括管理、协调、服务等费用。通过对这些成本的详细分析，了解各项费用的构成和比例。

（2）比较实际成本与预算成本：通过比较实际成本与预算成本的差异，找出存在的问题和优化点，并采取相应的措施进行改进。

（3）分析质量成本：通过对质量成本的详细分析，了解质量投入与质量损失的比例关系，找出存在的问题和优化点，并采取相应的措施进行改进。

2.施工阶段成本优化

在施工阶段，应根据实际情况和市场需求的变化，采取一定的技术和方法，对施工过程的各种成本进行优化。具体来说，可以通过以下方法进行成本优化。

（1）优化施工方案：通过对施工方案的详细分析和比较，选择最优的施工方案，以降低施工成本和提高施工质量。

（2）合理安排施工进度：通过对施工进度的合理安排和优化，可以降低施工成本和提高施工质量。例如可以采用价值工程法对不同施工方案的经济效益进行分析比较选择最优的方案实施；也可以采用新技术新工艺等手段提高效率和质量水平等降低工程成本。

（3）加强材料管理：通过对材料采购、储存和使用等环节的严格管理，可以降低材料成本和提高材料利用率，从而降低工程成本提高经济效益和质量水平。具体来说，可以采用限额领料制度加强材料领用管理；采用新技术新工艺提高材料利用率，从而降低材料消耗量等措施以实现成本控制目标。

（4）提高机械设备利用率：通过对机械设备的合理使用和维护保养，可以提高机械设备的利用率，从而降低机械费用，从而降低工程成本，提高经济效益和质量水平。具体来说，可以采用定人定机制度加强机械设备使用管理；采用状态监测技术及时维修保养机械设备等措施以实现成本控制目标。

四、基于质量成本管理的施工阶段成本控制措施

基于质量成本管理的施工阶段成本控制措施是工程建设项目管理中的重要环节。在施工阶段，通过对质量成本的控制，可以有效地降低施工成本、提高工程质量，增强企业的市场竞争力。下面将详细介绍基于质量成本管理的施工阶段成本控制的基本概念、方法和应用。

（一）基本概念

质量成本管理是一种以质量为中心，以效益为目标的现代成本管理方法。它关注的是产品的质量以及为保证质量所投入的成本和可能产生的损失。在施工阶段，质量成本管理主要涉及对施工质量、进度和成本进行综合控制，以实现项目目标。

施工阶段成本控制是指在施工阶段，通过运用一定的技术和方法，对施工过程的各种成本进行控制，确保成本不超过预算，同时提高工程质量。基于质量成本管理的施工阶段成本控制则是在成本控制过程中融入质量管理的理念和方法，通过对质量成本的合理控制，实现施工成本的有效降低和质量水平的提高。

（二）方法

1.制订成本控制计划

在施工阶段，应制定详细的成本控制计划，包括成本预算、成本控制指标、成本核算方法等。在制定计划时，应充分考虑质量因素，确保成本控制计划与质量管理要求相协调。

2.实施成本控制措施

在施工过程中，应按照成本控制计划实施各项成本控制措施。具体来说，可以采取以下措施。

（1）采用价值工程法进行方案优化：通过对施工方案的详细分析和比较，选择最优的施工方案，以降低施工成本和提高施工质量。在方案优化过程中，应考虑质量因素，确保优化后的方案既能降低成本又能提高质量。

（2）采用新技术新工艺：采用新技术新工艺可以提高施工效率和质量水平，同时降低工程成本。在选择新技术新工艺时，应充分考虑质量因素，确保新技术新工艺既能提高效率和质量又能保证工程质量。

（3）加强材料管理：通过对材料采购、储存和使用等环节的严格管理，可以降低材料成本和提高材料利用率，从而降低工程成本，提高经济效益和质量水平。在材料管理过程中，应考虑质量因素确保材料的质量符合设计要求和施工规范标准。具体来说，可以采用限额领料制度加强材料领用管理；采用新技术新工艺提高材料利用率，从而降低材料消耗量等措施以实现成本控制目标。

(4) 提高机械设备利用率：通过对机械设备的合理使用和维护保养可以提高机械设备的利用率，从而降低机械费用，从而降低工程成本，提高经济效益和质量水平。在机械设备管理过程中，应考虑质量因素确保机械设备的使用性能和安全性能符合施工要求和质量标准。具体来说，可以采用定人定机制度加强机械设备使用管理；采用状态监测技术及时维修保养机械设备等措施以实现成本控制目标。

3.监控质量成本

在施工过程中，应对质量成本进行实时监控和分析，了解各项费用的构成和比例，找出存在的问题和优化点。通过对质量成本的监控和分析，可以及时采取措施进行改进和控制成本的增加。同时，通过对质量成本的监控和分析，可以判断施工过程的质量状况是否符合预期要求和质量控制目标。

第四节 基于质量成本管理的施工阶段成本控制实务

基于质量成本管理的施工阶段成本控制实务是一种在工程建设项目中应用广泛的管理方法，它旨在通过对施工阶段的质量成本进行控制，降低工程成本、提高工程质量，增强企业的市场竞争力。下面将详细介绍基于质量成本管理的施工阶段成本控制实务的基本原理、方法和应用。

(一) 基本原理

质量成本管理是工程建设项目管理中的重要组成部分，它以质量为中心，以效益为目标，通过对产品质量和质量管理所产生的成本进行核算、分析和控制，实现对企业资源的优化配置和经济效益的最大化。在施工阶段，质量成本管理主要涉及对施工质量、进度和成本进行综合控制，以实现项目目标。

施工阶段成本控制是指在施工阶段，通过运用一定的技术和方法，对施工过程的各种成本进行控制，确保成本不超过预算，同时提高工程质量。基于质量成本管理的施工阶段成本控制则是在成本控制过程中融入质量管理的理念和方法，通过对质量成本的合理控制，实现施工成本的有效降低和质量水平的提高。

（二）方法

1.制订成本控制方案

在施工阶段，应制订详细的成本控制方案，包括成本预算、成本控制指标、成本核算方法等。在制订方案时，应充分考虑质量因素，确保成本控制方案与质量管理要求相协调。同时，应根据实际情况对方案进行优化和调整，以保证成本控制的有效性和可行性。

2.实施成本控制措施

在施工过程中，应按照成本控制方案实施各项成本控制措施。具体来说，可以采取以下措施。

（1）采用价值工程法进行方案优化：通过对施工方案的详细分析和比较，选择最优的施工方案，以降低施工成本和提高施工质量。在方案优化过程中，应考虑质量因素，确保优化后的方案既能降低成本又能提高质量。

（2）采用新技术新工艺：采用新技术新工艺可以提高施工效率和质量水平，同时降低工程成本。在选择新技术新工艺时，应充分考虑质量因素，确保新技术新工艺既能提高效率和质量又能保证工程质量。

（3）加强材料管理：通过对材料采购、储存和使用等环节的严格管理，可以降低材料成本和提高材料利用率，从而降低工程成本，提高经济效益和质量水平。在材料管理过程中，应考虑质量因素，确保材料的质量符合设计要求和施工规范标准。具体来说，可以采用限额领料制度加强材料领用管理；采用新技术新工艺提高材料利用率，从而降低材料消耗量等措施以实现成本控制目标。

（4）提高机械设备利用率：通过对机械设备的合理使用和维护保养可以提高机械设备的利用率，从而降低机械费用，从而降低工程成本，提高经济效益和质量水平。在机械设备管理过程中，应考虑质量因素，确保机械设备的使用性能和安全性能符合施工要求和质量标准。具体来说，可以采用定人定机制度加强机械设备使用管理；采用状态监测技术及时维修保养机械设备等措施以实现成本控制目标。

3.监控质量成本

在施工过程中，应对质量成本进行实时监控和分析，了解各项费用的构成和比例找出存在的问题和优化点，同时采取相应的措施进行改进和控制成本的增加以实现成本控制目标。通过对质量成本的监控和分析，可以判断施工过程的质量状况是否符合预期要求和质量控制目标，从而采取相应的措施进行调整和优化以实现成本控制目标。

第十章 工程成本控制的持续改进与创新发展

第一节 基于全生命周期成本管理的工程成本控制策略

一、全生命周期成本管理的基本原理与特点

全生命周期成本管理的基本原理在于以建设项目全寿命周期为研究对象，考虑资金时间价值，从决策、设计、施工、竣工验收、运营维护一直到报废的整个生命周期过程中，对建设项目进行全面的成本管理和控制。

全生命周期成本管理不仅关注建设成本，还全面考虑使用成本和社会成本。其中，建设成本是指工程建设阶段的总造价，使用成本主要包括维护成本、能耗成本、环境污染成本和拆除成本等，社会成本则是指在项目的全寿命期内对社会、环境和人类所产生的影响程度。全生命周期成本管理的核心目标是最小化全寿命期总成本，同时也要兼顾社会效益和环境效益。

全生命周期成本管理有以下特点。

全面性：全生命周期成本管理考虑了项目所有的成本要素，从规划、实施、控制和评估等各个环节全面把握项目成本走势，有效控制项目成本。

决策性：全生命周期成本管理在项目投资决策阶段就已经开始考虑项目的成本问题，为后续的设计、施工等阶段提供了重要的决策依据。

综合性：全生命周期成本管理不仅关注建设成本，还综合考虑了使用成本和社会成本，是一种更全面、更综合的成本管理方法。

长期性：全生命周期成本管理贯穿了项目的整个生命周期，包括决策、设计、施工、竣工验收、运营维护等各个阶段，是一种长期性的成本管理方法。

复杂性：全生命周期成本管理涉及的因素较多，包括技术、经济、环境等方面，具有较高的复杂性。

二、基于全生命周期成本管理的工程成本控制策略制定

基于全生命周期成本管理的工程成本控制策略制定可以按照以下步骤进行。

建立全生命周期成本管理体系：从项目决策、设计、施工、竣工验收、运营维护到报废等各个阶段，建立完善的成本管理体系，明确各阶段的成本控制目标和责任。

投资决策阶段：在项目投资决策阶段，需要对项目的建设方案、技术方案、市场预测等方面进行全面的分析和评估，以确定项目建设的必要性和可行性。同时，需要对项目的成本进行初步预测和分析，以确定项目建设的经济效益和社会效益。

设计阶段：在设计阶段，需要采用价值工程等方法，对项目的功能和成本进行全面的分析和比较，以确定最优设计方案。同时，需要对项目的材料、设备和施工方案进行比选和优化，以降低项目的建设成本。

施工阶段：在施工阶段，需要采用有效的成本控制方法，对项目的成本进行实时监控和调整，以确保项目建设的实际成本控制在预算范围内。同时，需要对项目的进度和质量进行严格把控，以避免因质量问题导致的成本增加。

竣工验收阶段：在项目竣工验收阶段，需要对项目的建设成果进行全面的检查和评估，以确保项目满足设计要求和质量标准。同时，需要对项目的成本进行汇总和分析，以总结经验教训，为今后的项目建设提供参考。

运营维护阶段：在项目运营维护阶段，需要采用有效的管理手段和方法，对项目的运营成本进行控制和管理。同时，需要对项目的维护和更新进行规划和预算，以确保项目在使用寿命内的经济效益和社会效益。

报废阶段：在项目报废阶段，需要对项目的拆除和废弃物处理进行全面的规划和预算，以确保项目报废过程的经济性和环保性。

三、基于全生命周期成本管理的工程成本控制实施与优化

在工程项目管理中，成本控制是一个至关重要的环节。传统的成本控制方法往往只关注施工阶段的成本，而忽视了项目全生命周期的成本。因此，引入全生命周期成本管理（LCCD）方法，对于提高工程成本控制效率和精度具有重要意义。笔者将探讨基于全生命周期成本管理的工程成本控制实施与优化。

（一）全生命周期成本管理的概念及特点

全生命周期成本管理是一种从项目决策、设计、施工、竣工验收、运营维护到报废等各个阶段进行全面成本管理的理念和方法。它强调在项目全生命周期内进行成本优化和控制，以实现建设项目全寿命期总成本的最小化。

全生命周期成本管理具有以下特点。

全面性：全生命周期成本管理覆盖了项目全生命周期的各个阶段，关注各个阶段的成本及相互影响。

战略性：全生命周期成本管理着眼于项目整体的战略目标，以实现项目全生命周期总成本的最小化。

预防性：全生命周期成本管理强调在项目早期进行成本预测和规划，以预防可能出现的成本问题。

系统性：全生命周期成本管理需要协调各个阶段和专业的成本管理人员，以确保信息的及时传递和成本的优化管理。

（二）基于全生命周期成本管理的工程成本控制实施

建立全生命周期成本控制体系：在项目初期，需要建立基于全生命周期成本管理的成本控制体系，明确各阶段的成本控制目标和责任。这包括制定成本控制策略、建立成本控制组织架构、明确职责分工等。

决策阶段成本控制：在决策阶段，需要对项目的建设方案、技术方案、市场预测等方面进行全面的分析和评估，以确定项目建设的必要性和可行性。同时，需要对项目的成本进行初步预测和分析，以确定项目建设的经济效益和社会效益。

设计阶段成本控制：在设计阶段，需要采用价值工程等方法，对项目的功能和成本进行全面的分析和比较，以确定最优设计方案。同时，需要对项目的

材料、设备和施工方案进行比选和优化，以降低项目的建设成本。

施工阶段成本控制：在施工阶段，需要采用有效的成本控制方法，对项目的成本进行实时监控和调整，以确保项目建设的实际成本控制在预算范围内。同时，需要对项目的进度和质量进行严格把控，以避免因质量问题导致的成本增加。

竣工验收阶段成本控制：在项目竣工验收阶段，需要对项目的建设成果进行全面的检查和评估，以确保项目满足设计要求和质量标准。同时，需要对项目的成本进行汇总和分析，以总结经验教训为今后的项目建设提供参考。

运营维护阶段成本控制：在项目运营维护阶段需要采用有效的管理手段和方法对项目的运营成本进行控制和管理同时需要对项目的维护和更新进行规划和预算以确保项目在使用寿命内的经济效益和社会效益。

报废阶段成本控制：在项目报废阶段需要对项目的拆除和废弃物处理进行全面的规划和预算以确保项目报废过程的经济性和环保性。

（三）基于全生命周期成本管理的工程成本控制优化策略

提高成本控制意识：加强全生命周期成本管理的培训和教育提高相关人员的成本控制意识和能力以确保各阶段成本控制的有效实施。

强化信息管理：建立高效的信息管理系统实现各阶段成本数据的及时传递和分析以提高成本控制的效率和精度。

实施动态控制：根据项目进展情况及时调整成本控制策略实施动态控制以适应项目变化带来的成本影响。

加强风险管理：对项目全生命周期中可能出现的风险进行预测和评估制定相应的应对措施以降低风险对成本控制的影响。

推动绿色建造：采用绿色建造技术和管理方法降低项目对环境的影响从而实现成本控制与可持续发展的有机结合。

总结经验教训：对项目全生命周期各阶段的成本控制进行总结和分析找出存在的问题和不足之处为今后的项目提供经验和借鉴。

第二节　基于价值工程的工程成本控制策略

一、价值工程的基本原理与特点

价值工程的基本原理是：以产品的功能分析为核心，以最低的成本实现产品必要的功能，从而使产品价值最优化的一种有组织有领导的活动。价值工程的特点包括以下几种。

目标性：价值工程的目标是以最低的寿命周期成本，使产品具备它所必须具备的功能。

功能性：价值工程的核心是对产品进行功能分析，即研究产品的功能与成本的比值，以提高产品的价值。

全面性：价值工程涉及产品全生命周期的各个阶段，包括设计、制造、使用及报废等各个阶段。

领导性：价值工程需要领导层的支持和推动，以协调各个部门和人员之间的合作。

方法性：价值工程需要采用一系列科学的方法和工具，包括功能分析、成本分析、价值分析等，以实现产品价值的最大化。

二、基于价值工程的工程成本控制策略制定

价值工程是一种以提高产品价值为目的，以功能分析为核心，以最低的成本实现产品必要功能为手段，有组织、有领导的活动方法。在工程成本控制中，价值工程的应用具有重要意义。

（一）价值工程的基本原理

价值工程的基本原理是：产品的价值等于其功能与成本的比值。在价值工程中，功能分析是核心，通过研究产品的功能与成本的比值，可以提高产品的价值。同时，价值工程还强调以最低的成本实现产品必要的功能，从而提高产品的竞争力。

（二）工程成本控制的重要性

工程成本控制是指在工程建设过程中，对项目的成本进行管理和控制，以确保项目成本不超过预算。工程成本控制对于提高项目的经济效益和社会效益具有重要意义。通过有效的成本控制，可以降低项目成本，提高项目的竞争力，同时也可以保证项目的质量和进度。

（三）基于价值工程的工程成本控制策略

基于价值工程的工程成本控制策略可以从以下几个方面入手。

1.功能分析与评价

在工程建设中，功能分析是至关重要的。通过对项目的功能进行分析，可以明确项目的必要功能和非必要功能。对于必要功能，需要确保其实现所需的成本最低；对于非必要功能，可以考虑去除或降低其成本。通过对功能的评价，可以确定项目的成本范围和目标。

2.全生命周期成本控制

全生命周期成本控制是指在整个项目生命周期内进行成本控制。在工程建设中，全生命周期成本控制包括设计、施工、运营、维护和报废等阶段。每个阶段都需要进行成本管理和控制，以确保整个项目生命周期的成本最低。

3.优化设计方案

设计方案是工程建设的基础。优化设计方案可以降低项目成本、缩短工期、提高质量。通过对比不同设计方案的经济性、技术性和可行性，选择最优的设计方案。在设计过程中要考虑材料的选用、工艺的选用、设备的选用等与成本相关的因素。同时还要考虑设计方案的可维护性和可扩展性等因素。

4.合理控制施工成本

施工阶段是工程建设中成本最高的阶段之一。合理控制施工成本是工程成本控制的关键之一。在施工过程中，要合理控制材料、人工、机械等成本；要加强施工现场管理，减少浪费和损失；要优化施工工艺和流程，提高施工效率和质量；要建立成本控制体系，对施工成本进行实时监控和管理。

5.加强质量管理

质量是工程项目的生命线。加强质量管理可以降低因质量问题而产生的成本和损失。在工程建设中,要建立完善的质量管理体系,建立健全的质量检测和验收制度,对每一道工序都要进行质量检测和验收,发现问题及时进行处理,避免造成更大的损失。加强质量管理不仅可以保证工程质量,还可以提高企业的信誉和形象增强企业的竞争力。

6.合理配置资源

资源是有限的,合理配置资源是工程成本控制的重要策略之一。在工程建设中,要对人力、物力、财力等资源进行合理配置,避免资源的浪费和损失。同时要合理安排工作计划和进度保证资源的充分利用,提高工作效率和质量。合理配置资源还可以降低企业的运营成本,从而降低项目的总成本。

7.引入竞争机制

竞争是市场经济的基本原则之一。在工程建设中引入竞争机制可以提高企业的积极性和工作效率,同时可以降低项目成本和提高工程质量。通过公开招标等方式引入竞争,不仅可以降低材料、设备和人工的成本,还可以促进企业加强管理,提高工作效率和质量,从而降低整个项目的成本。

8.建立成本控制信息化系统

建立成本控制信息化系统可以将成本控制工作与信息技术相结合提高工作效率和质量。通过建立信息化系统可以对项目成本进行实时监控和分析发现问题及时采取措施进行处理同时还可以对项目进度和质量进行监控和管理提高整个项目的管控能力。

三、基于价值工程的工程成本控制实施与优化

价值工程是一种以产品或服务的功能分析为核心,以提高产品或服务的价值为目的,以最低的成本实现必要功能为手段,有组织、有领导的活动方法。在工程建设中,价值工程的应用对于控制工程成本、提高项目效益具有重要意义。

(一)价值工程的实施步骤

1.功能分析

功能分析是价值工程的核心,它通过对产品或服务的功能进行深入分析,了解产品或服务的必要功能和非必要功能。通过功能分析,可以明确产品或服

务的目标成本和目标功能。

2.成本分析

成本分析是对产品或服务的成本进行深入分析，了解每个功能的成本构成。通过成本分析，可以找出哪些成本是必要的，哪些成本是不必要的。同时，还可以通过成本分析对产品或服务的成本进行估算和预测。

3.方案设计

方案设计是根据功能分析和成本分析的结果，制定出实现产品或服务必要功能的方案。方案设计要充分考虑产品或服务的实际情况和市场需求，同时要注重方案的经济性和可行性。

4.方案评估与优化

方案评估是对方案进行全面的评估和审查，找出方案中存在的问题和不足。通过对方案的评估，可以发现哪些方案是可行的，哪些方案是不可行的。同时，还可以对方案进行优化，使方案更加完善、更加合理。

（二）基于价值工程的工程成本控制实施

1.制定目标成本

在工程建设中，目标成本是指项目在设计、施工、运营等阶段所需要达到的成本目标。制定目标成本是工程成本控制的重要环节之一。通过制定目标成本，可以明确项目的成本范围和目标，使项目团队对成本控制有清晰的认识和方向。

2.优化设计方案

设计方案是工程建设的基础，优化设计方案可以降低项目成本、缩短工期、提高质量。通过对设计方案进行优化，可以减少不必要的成本支出，提高项目的经济效益和社会效益。

3.合理控制施工成本

施工阶段是工程建设中成本最高的阶段之一。合理控制施工成本是工程成本控制的关键之一。在施工过程中，要合理控制材料、人工、机械等成本；要加强施工现场管理，减少浪费和损失；要优化施工工艺和流程，提高施工效率和质量；要建立成本控制体系，对施工成本进行实时监控和管理。

4.加强质量管理

质量是工程项目的生命线。加强质量管理可以降低因质量问题而产生的成本和损失。在工程建设中要建立完善的质量管理体系，建立健全的质量检测和验收制度，对每一道工序都要进行质量检测和验收，发现问题及时进行处理，避免造成更大的损失。加强质量管理不仅可以保证工程质量，还可以提高企业的信誉和形象增强企业的竞争力。

5.合理配置资源

资源是有限的合理配置资源是工程成本控制的重要策略之一。在工程建设中对人力、物力、财力等资源进行合理配置避免资源的浪费和损失，同时要合理安排工作计划和进度，保证资源的充分利用，提高工作效率和质量。合理配置资源还可以降低企业的运营成本从而降低项目的总成本。

（三）基于价值工程的工程成本控制优化

1.引入竞争机制

竞争是市场经济的基本原则之一在工程建设中引入竞争机制可以提高企业的积极性和工作效率同时可以降低项目成本和提高工程质量通过公开招标等方式引入竞争不仅可以降低材料设备和人工的成本还可以促进企业加强管理提高工作效率和质量从而降低整个项目的成本。

2.建立成本控制信息化系统

建立成本控制信息化系统可以将成本控制工作与信息技术相结合，提高工作效率和质量、通过建立信息化系统可以对项目成本进行实时监控和分析，发现问题及时采取措施进行处理,同时还可以对项目进度和质量进行监控和管理，提高整个项目的管控能力。

第三节 利用新技术的工程成本控制创新与发展

一、利用新技术进行工程成本控制的方法与途径

随着科技的不断发展，新技术在工程成本控制中的应用越来越广泛。这些

新技术的应用可以帮助企业更有效地进行工程成本控制，提高项目的经济效益和社会效益。

（一）利用BIM技术进行工程成本控制

BIM（建筑信息模型）技术是一种基于三维模型的工程管理技术，它可以为工程项目提供全生命周期的信息管理。利用BIM技术进行工程成本控制可以实现以下目标。

1.减少成本核算工作量

BIM模型可以自动生成工程量清单和材料清单，从而减少传统的手动计算和核对工作量。这些清单可以直接用于招标和施工阶段的成本控制，提高工作效率和质量。

2.提高成本估算精度

BIM模型可以提供三维可视化的工程量数据，使得成本估算更加准确和可靠。通过BIM模型，可以快速获取材料、人工和机械等成本信息，为决策提供及时、准确的数据支持。

3.优化设计方案

BIM模型具有参数化和可调性的特点，可以对设计方案进行快速优化。通过调整BIM模型的参数，可以获得多种设计方案，并对这些方案进行成本比较和分析，从而选择最优的设计方案。这有助于降低施工阶段的成本，提高项目的经济效益和社会效益。

4.加强施工阶段成本控制

BIM模型可以与施工进度和质量控制相结合，实现施工过程的全面监控和管理。通过BIM模型，可以实时获取施工进度和质量控制信息，并对这些信息进行集成和分析，及时发现和解决问题，避免因质量问题而产生的成本损失。

（二）利用物联网技术进行工程成本控制

物联网技术是一种基于互联网的物品与物品之间相互连接的技术。利用物联网技术可以实现对工程建设过程中各种资源的实时监控和管理，从而提高工程成本控制的效率和精度。具体方法如下。

1.实时监控材料和设备成本

通过物联网技术，可以对工程建设过程中的材料和设备进行实时监控和管理。在材料和设备的采购、运输、储存和使用过程中，通过物联网技术可以实现对这些环节的自动化管理和控制，避免因管理不善而产生的成本损失。同时，通过物联网技术还可以对材料和设备的使用情况进行实时监控和预测，及时发现和解决问题，避免因浪费和损失而产生的成本增加。

2.提高人力成本管理的效率

通过物联网技术可以实现对工程建设过程中人力资源的实时监控和管理。通过物联网技术可以实现对人员位置、工作状态和工作效率等信息的实时监控和分析，及时发现和解决问题提高人力成本管理的效率和质量，降低项目成本，提高项目的经济效益和社会效益。

3.优化能源消耗成本管理

工程建设过程中需要消耗大量的能源和水资源等，通过物联网技术可以实现对这些资源的实时监控和管理，从而优化能源消耗成本管理。通过物联网技术可以对能源和水资源的消耗情况进行实时监控和分析，发现问题及时采取措施进行处理，降低能源和水资源的消耗量，减少成本支出，提高项目的经济效益和社会效益。

二、基于信息化技术的工程成本控制创新

（一）创新成本管理制度

建立和完善成本管理制度，结合信息化系统，通过刚性控制减少人为和主观因素干扰，对成本进行监管和约束。同时，应当定期对成本管理展开全面的教育培训，不仅要对先进的成本管理理念与技术进行培训，更要加强互联网技术、大数据技术、云计算技术等信息技术教育培训，为成本管理信息化建设奠定坚实基础。

（二）加强成本管理人员信息化系统创新能力

提高成本管理人员信息化系统创新能力，是提升成本管理信息化建设水平的关键所在。应当培养一批既懂信息技术又懂成本管理的专业人才队伍，在工

程项目立项阶段开始就有必要引进信息技术,打造在互联网云端的统一成本系统,并利用数据生成测算分析项目进度从而支撑公司决策开展。

(三)统一信息平台建设标准

在构建信息化系统时,应在组织内部成立专门负责成本管理信息化建设项目小组,并由企业顶层管理者担任项目小组负责人,发挥统筹兼顾作用,确保信息化系统建设可以高效推进。同时,必须立足于实际,根据承接的项目大小、企业规模等多方因素,构建最适合企业成本管理需求的信息化系统。

(四)创新成本核算方法

运用信息化技术,结合工程项目特点,创新成本核算方法。例如,利用BIM技术自动生成工程量清单和材料清单,减少成本核算工作量;利用物联网技术实时监控材料和设备成本;利用大数据技术进行全生命周期成本管理、精准预算和核算等。

(五)优化资源配置

利用信息化技术对工程项目的资源配置进行优化,提高资源使用效率。例如,通过物联网技术实时监控人力资源、材料、设备等资源的使用情况,优化资源配置;通过云计算等技术提高数据处理和存储效率,降低IT成本等。

三、基于大数据和人工智能的工程成本控制发展

基于大数据和人工智能的工程成本控制发展,可以从以下几个方面展开。

(一)智能化成本预测和管理

利用大数据技术,对工程项目历史数据进行分析,可以实现对未来成本的预测。通过人工智能技术,可以对预测结果进行深度学习和优化,提高预测的准确性和可靠性。同时,人工智能技术还可以对工程项目中的各种风险因素进行识别和评估,帮助企业提前做好风险防范和应对措施,避免或减少因风险带来的成本损失。

(二)智能化供应商管理

利用大数据技术和人工智能技术,可以对供应商的历史数据进行分析,实现对供应商的评估和选择。通过对供应商的价格、质量、交货期等数据进行深

度学习和比对,可以找到最优质的供应商,降低采购成本。同时,人工智能技术还可以对供应商的合同履行情况进行实时监控,及时发现和解决合同履行过程中的问题,避免因供应商的问题导致的成本损失。

(三)智能化设备管理

利用大数据技术和人工智能技术,可以对工程项目的设备运行数据进行实时采集和分析,实现对设备的远程监控和预警。通过对设备运行数据的深度学习和挖掘,可以及时发现设备的潜在问题和故障,避免因设备故障导致的成本损失。同时,人工智能技术还可以对设备的维护和保养进行预测和规划,提高设备的运行效率和寿命,降低设备的维修成本。

(四)智能化人力资源管理

利用大数据技术和人工智能技术,可以对工程项目的人力资源数据进行深度挖掘和分析,实现对人力资源的优化配置。通过对人力资源数据的比对和分析,可以找到最适合项目需求的人才,提高人才的使用效率和效益。同时,人工智能技术还可以对人力资源的管理流程进行自动化和智能化,减少人力投入和提高工作效率,降低人力成本。

四、工程成本控制创新与发展的未来趋势

工程成本控制创新与发展的未来趋势主要体现在以下几个方面。

数字化和自动化:随着信息技术的发展,工程成本控制将更加数字化和自动化。例如,通过先进的软件系统,可以实现工程成本的自动化预算、控制和分析,提高工作效率,减少人为错误。同时,数字化和自动化也使得对成本数据的理解和分析更加深入,有助于做出更准确的决策。

数据驱动的决策:未来的工程成本控制将更加依赖数据驱动的决策。通过收集和分析大量的工程成本数据,可以更好地理解项目的成本结构,预测未来的成本趋势,并制定更有效的成本控制策略。

持续改进和优化:随着经验的积累和技术的发展,工程成本控制将不断进行改进和优化。例如,通过引入更先进的项目管理软件,可以实现更精细化的成本控制,提高成本管理的效率和效果。

智能化技术应用：人工智能、机器学习等智能化技术的应用，将使得工程成本控制更加智能化。例如，可以通过机器学习算法对历史成本数据进行学习，从而预测未来的成本趋势，或者通过人工智能技术对项目管理流程进行自动化，提高工作效率。

全生命周期管理：未来的工程成本控制将更加注重全生命周期管理。从项目的规划、设计、施工到运营和维护，每一个阶段都需要进行精细化的成本控制。通过全生命周期的成本控制，可以更好地理解项目的整体成本结构，制定更有效的成本控制策略。

可持续发展：在环境保护和可持续发展日益受到重视的今天，未来的工程成本控制将更加注重环保和可持续性。例如，在选择材料和设备时，需要考虑其环保性能和可持续性，以降低对环境的影响。

参考文献

[1]庞权.建筑工程预算在建筑施工企业工程造价控制中的作用[J].中国建筑装饰装修,2023(20):164-166.

[2]李向华.建筑工程造价超预算原因与控制策略[J].砖瓦,2023(10):98-100.

[3]王媛媛.基于建筑安装工程造价预算与成本控制策略分析[J].居业,2023(9):193-195.

[4]李丽君.工程预算在建筑工程造价控制中的应用——以Z项目为例[J].房地产世界,2023(16):109-111.

[5]张丛芳.建筑工程成本控制及经济预算分析[J].今日财富,2023(15):74-76.

[6]朱丽.建筑工程预算在建筑施工企业工程造价控制中的作用研究[J].房地产世界,2023(14):91-93.

[7]邵敏.工程预算管理对建筑工程造价控制的作用研究[J].居舍,2023(21):165-168.

[8]李强.工程建设项目甲方管理难点及管控措施[J].居业,2023(7):158-160.

[9]门宏顺.新型绿色建筑工程造价预算与成本控制[J].中国招标,2023(7):87-88,97.

[10]李一哲.工程预算在建筑工程造价控制中的应用研究[J].中国招标,2023(7):98-99.

[11]李全军.工程预算在建筑工程造价控制中的运用分析[J].大众标准化,2023(12):146-148.

[12]吴俊明.新型绿色住宅建筑工程造价预算与成本控制策略分析[J].居舍,2023(18):158-160.

[13]李娟.工程预算在建筑工程造价控制中的作用探微[J].居业,2023(5):107-109.

[14]曹倩,刘巧会.建筑工程预算在工程造价控制中的作用分析[J].大众标准化,2023(9):131-133.

[15]张敬淞.建筑安装工程预算和成本控制对策[J].散装水泥,2023(2):55-57.

[16]赵元平.工程预算在公路工程造价控制中的运用[J].大众标准化,2023(8):151-153.